中国沿海湿地保护绿皮书
（2021）

Green Papers of China's Coastal Wetland Conservation

于秀波　张　立　杨　彪　主编

科学出版社

北　京

内 容 简 介

本书梳理了 2019 年 9 月至 2021 年 8 月我国湿地保护在法制建设、修复政策及成效、公众意识与民间机构参与，以及国际合作交流等方面的十大进展；介绍了我国最值得关注的十块滨海湿地，这些湿地是经过环保公益组织和专业机构推荐并经社会公众广泛投票评选出的；运用湿地干扰指数评估方法，对 35 个湿地类型国家级自然保护区开展了系统的干扰状况评估；分析了我国沿海互花米草入侵进程、黄渤海水鸟栖息地时空变化。

本书可供从事湿地保护与管理的政府官员，湿地类型保护区与国家湿地公园的管理人员、技术人员、研究人员，以及关注湿地与候鸟保护的公众阅读参考。

审图号：GS 京（2022）0096 号

图书在版编目（CIP）数据

中国沿海湿地保护绿皮书. 2021/于秀波，张立，杨彪主编. —北京: 科学出版社，2022.6

ISBN 978-7-03-072147-1

Ⅰ.①中… Ⅱ.①于… ②张… ③杨… Ⅲ.① 沿海 - 沼泽化地 - 自然资源保护 - 研究报告 - 中国 -2021 Ⅳ.① P942.078

中国版本图书馆 CIP 数据核字（2022）第 070807 号

责任编辑：王海光 赵小林 / 责任校对：杨 赛
责任印制：肖 兴 / 封面设计：刘新新

科 学 出 版 社 出版
北京东黄城根北街 16 号
邮政编码：100717
http://www.sciencep.com

北京汇瑞嘉合文化发展有限公司 印刷
科学出版社发行 各地新华书店经销

*

2022 年 6 月第 一 版 开本：889×1194 1/16
2022 年 6 月第一次印刷 印张：11 1/4
字数：216 000

定价：198.00 元

（如有印装质量问题，我社负责调换）

项目指导机构

国家林业和草原局湿地管理司

项目资助机构

北京市企业家环保基金会

红树林基金会

阿拉善 SEE 华北项目中心

阿拉善 SEE 太行项目中心

阿拉善 SEE 太湖项目中心

项目实施机构

中国科学院地理科学与资源研究所

指导委员会

主　任

鲍达明　国家林业和草原局湿地管理司副司长

张　立　碳中和国际研究院执行院长、绿普惠碳中和
　　　　促进中心主任、北京师范大学教授

委　员（按姓氏笔画排序）

马超德　联合国开发计划署驻华代表处助理驻华代表

刘亚文　中国湿地保护协会副会长

闫保华　红树林基金会秘书长

张正旺　北京师范大学生命科学学院教授

张明祥　北京林业大学生态与自然保护学院副院长、教授

封志明　中国科学院地理科学与资源研究所副所长、研究员

袁　军　国家林业和草原局调查规划设计院处长、教授级高工

徐万苏　红树林基金会重建海上森林项目总监

陶思明　生态环境部自然生态保护司原副司长

雷光春　北京林业大学生态与自然保护学院教授

编 委 会

作者简介

于秀波　中国科学院地理科学与资源研究所研究员，中国科学院大学资源与环境学院岗位教授、博士生导师，中国生态系统研究网络（CERN）科学委员会秘书长兼综合中心主任。主要研究领域包括生态系统监测与服务评估、生态系统优化管理与恢复政策、湿地保护与可持续利用。主编"生命之河"系列丛书，协调并编写《推进流域综合管理 重建中国生命之河》《中国生态系统服务与管理战略》《中国滨海湿地保护管理战略研究》《中国沿海湿地保护绿皮书（2017）》《中国沿海湿地保护绿皮书（2019）》等研究报告，发表高水平学术论文90篇，主编与参编学术专著27部。2016年获中国生态系统研究网络科技贡献奖。

张　立　北京师范大学教授，博士生导师。2015~2021年任北京市企业家环保基金会秘书长。生物多样性和保护生物学专家，曾在国际爱护动物基金会（IFAW）、保护国际基金会（CI）等国际组织担任中国项目负责人，曾在亚洲开发银行（ADB）、国际野生生物保护学会（WCS）和自然资源保护协会（NRDC）等担任生物多样性专家，具有20年国际、国内基金会管理经验。在国际濒危野生动植物种贸易政策、大熊猫栖息地保护、中国野生亚洲象保护研究、生态系统服务及其价值评估等方面提出重要政策观点。

杨 彪 北京市企业家环保基金会秘书长，生态学博士，中国动物学会保护生物学分会第一届委员会委员。主要从事珍稀野生动植物的分布、生态学及保护策略，大熊猫的野外调查及保护，自然保护区保护、管理工作及周边社区经济社会调查，生物多样性保护策略及保护规划制定等研究工作。兼任四川省林业和草原局及各自然保护区保护项目审查专家、世界自然保护联盟（IUCN）保护地绿色名录中国评委会委员、全国第 4 次大熊猫调查专家技术委员会委员。曾任保护国际基金会（CI）中国项目野外办公室主任，负责制定保护国际基金会在保护地、淡水、气候变化等方向的项目策略，并组织实施。在 *Science*、*Conservation Letter* 等杂志发表过相关论文。

机 构 简 介

北京市企业家环保基金会

北京市企业家环保基金会（SEE 基金会）成立于 2008 年，由阿拉善 SEE 生态协会发起成立，致力于资助和扶持中国民间环保公益组织的成长，打造企业家、环保公益组织、公众共同参与的社会化保护平台，共同推动生态保护和可持续发展。阿拉善 SEE 生态协会成立于 2004 年 6 月 5 日，是中国首家以社会责任为己任、以企业家为主体、以保护生态为目标的社会团体。2014 年底，SEE 基金会升级为公募基金会，以环保公益行业发展为基石，聚焦荒漠化防治、气候变化与商业可持续、生态保护与自然教育、海洋保护四个领域。发展至今，SEE 基金会已启动"一亿棵梭梭""地下水保护""任鸟飞""卫蓝侠""绿色供应链""创绿家""劲草同行""诺亚方舟""留住长江的微笑""三江源保护"等品牌项目；直接或间接支持了 800 多家中国民间环保公益机构或个人的工作，公益支出超 11 亿元，累计带动了 6 亿人次参与或支持环保。SEE 基金会未来将进一步带动和整合企业家及社会资源投入，号召公众的广泛支持和参与，充分发挥社会化保护平台的作用，共同守护碧水蓝天。

红树林基金会

红树林基金会（MCF）成立于 2012 年 7 月，是国内首家由民间发起的环保公募基金会。基金会由阿拉善 SEE 生态协会、热衷公益的企业家，以及深圳市相关部门倡导发起。王石、马蔚华担任创始会长，深圳大学前校长章必功、阿拉善 SEE 生态协会第七任会长艾路明、现任会长孙莉莉担任荣誉理事长，北京林业大学生态与自然保护学院教授雷光春担任理事长。自成立以来，基金会始终致力于保护湿地及其生物多样性，践行社会化参与的自然保育模式。目前已启动"守护深圳湾""拯救勺嘴鹬""重建海上森林"三大战略品牌项目。

中国沿海湿地保护网络

中国沿海湿地保护网络于 2015 年 6 月 17 日在福州成立，由国家林业局湿地保护管理中心（现为国家林业和草原局湿地管理司）与保尔森基金会共同发起成立，旨在打造沿海省份湿地保护与管理的长期性合作与交流平台，并促进网络成员达成协调一致的保护行动。中国沿海湿地保护网络的基本职能是连接北起辽宁、南至海南的沿海 11 个省（自治区、直辖市）湿地管理部门和保护组织，为提高中国沿海湿地保护和管理的整体效能搭建合作与交流平台，在网络成员之间分享实践经验和促进协调一致的保护行动和信息共享。中国沿海湿地保护网络定期召开会议，组织开展水鸟同步监测与调查、专业技能培训，开展沿海湿地与水鸟保护的宣传和自然教育活动，提高公众湿地保护意识。

序 一

湿地生态系统在保障流域生态安全、促进经济社会发展和维持区域与全球生物多样性中具有十分重要的地位。在气候变化和人类活动影响下，湿地存在面积萎缩、功能退化等风险，给湿地生态系统的监测和研究带来了新的机遇与挑战。沿海区域在我国生态保护和经济发展中处于重要地位，拥有全国 40% 的人口，贡献了全国 58.6% 的 GDP。同时，沿海湿地类型多样，包括河口、三角洲、滩涂、红树林、珊瑚礁等，是重要的生命支持系统，具有极其重要的生态功能和生态价值，在食物供给、水质净化、消浪护岸等方面发挥着不可替代的作用。

2020 年，中国政府提出了碳达峰、碳中和的目标和愿景。因为湿地生态系统具有较高的固碳潜力，特别是滨海湿地被认为是重要的"蓝色碳汇"，所以开展沿海湿地生态系统的长期监测和研究，促进沿海湿地数据的集成和整合，对提升生物多样性和达成"双碳"目标具有重要的支撑作用。"中国沿海湿地保护绿皮书"以我国沿海 11 个省（自治区、直辖市）的湿地，特别是滨海湿地为重点，开展每两年一次的系统评估，符合国家在滨海湿地保护的战略需求，具有重要意义。

在北京市企业家环保基金会和红树林基金会的资助下，中国科学院地理科学与资源研究所联合上述机构，于 2017 年 9 月，在中国沿海湿地保护网络会议上发布了《中国沿海湿地保护绿皮书（2017）》；于 2019 年 10 月，在第三届海洋公益论坛上发布了《中国沿海湿地保护绿皮书（2019）》。上述成果不仅推动了公众对沿海湿地保护的关注，也为国家林业和草原局湿地管理司和自然资源部国土空间生态修复司的重要决策提供了参考。

作为以上两版绿皮书的延续，我非常高兴看到《中国沿海湿地保护绿皮书（2021）》的出版，该书系统回顾了过去两年我国沿海湿地保护的主要进展，组织推荐和评选了最值得关注的十块滨海湿地，同时，建立了湿地干扰指数的评估指标体系，并评估了沿海 35 个国家级自然保护区的干扰状况。书中还对公众关注的互花米草入侵和黄渤海水鸟栖息地进行了专题研究。

希望北京市企业家环保基金会和红树林基金会与中国科学院地理科学与资源研究所开展长期合作研究，持续追踪沿海湿地面临的问题与威胁、保护进展，推动沿海湿地保护和评估，为从事湿地保护和管理的政府机构、各类湿地保护区及民间环保组织提供参考。

于贵瑞

中国科学院院士

中国科学院地理科学与资源研究所研究员

2022 年 2 月

序 二

中国沿海地区不仅是东亚 - 澳大利西亚候鸟迁徙的重要通道，支撑着数百万迁徙水鸟的觅食和栖息，还拥有大面积的红树林和海草床，孕育着丰富的渔业资源，是全球生物多样性的重要组成部分。同时，滨海湿地还为中国沿海经济发达地区的可持续发展提供了至关重要的生态安全屏障。但是，沿海湿地保护却是我国湿地保护的"短板"。国家林业局（现为国家林业和草原局）于 2014 年公布的第二次全国湿地资源调查结果显示，受保护的滨海湿地面积仅 139.04 万 hm^2，只占到滨海湿地总面积的 23.99%，低于全国 43.5% 的湿地平均保护率。

"中国沿海湿地保护绿皮书"作为北京市企业家环保基金会（以下简称 SEE 基金会）"任鸟飞"项目的主要产出之一，定位为高级科普读物，已相继出版了 2017 和 2019 两版。该书作为绿皮书系列的第三份跟踪报告，除了梳理近两年的沿海湿地保护十大进展，评选最值得关注的十块滨海湿地，分享沿海湿地的典型案例，还构建了沿海湿地干扰指数，这是该书的一大创新和特色。

SEE 基金会成立于 2008 年，由阿拉善 SEE 生态协会发起，致力于资助和扶持中国民间环保公益组织的成长，打造企业家、环保公益组织、公众共同参与的社会化保护平台，共同推动生态保护和可持续发展。截至 2021 年，SEE 基金会直接或间接支持了 800 多家中国民间环保公益机构或个人的工作，公益支出超 11 亿元，累计带动了 6 亿人次参与或支持环保。

"任鸟飞"项目作为 SEE 基金会和红树林基金会（MCF）联合发起的综合型生态保护项目，以保护中国候鸟及其栖息地为目标。通过 2016~2021 年 5 年的工作，共支持 65 家机构实施 90 个重要湿地的保护项目，并开展了青头潜鸭、遗鸥、丹顶鹤、卷羽鹈鹕等多种濒危鸟类的专项研究和保护工作。基于项目产出，与国家林业和草原局湿地管理司、自然保护地管理司、野生动植物保护司等有关部门合作，开展从业人员的能力建设，推动政策完善，共同守护中国濒危鸟类及其栖息地。

借助"任鸟飞"项目的伙伴网络和传播渠道，SEE 基金会和中国科学院地理科学与资源研究所联合发起本期的"中国沿海湿地保护十大进展"和"最值得关注的十块滨海湿地"遴选活动，并联合发布该报告，旨在分享湿地保护经验，提高公众的保护意识和认知水平，服务于国家与地方政府决策，为更多公众参与中国沿海湿地保护尽一份力。

最后，该项目各项活动能够顺利开展和实施，成果得以如期发布，不仅要感谢阿拉善 SEE 华北项目中心、太湖项目中心、太行项目中心和红树林基金会（MCF）的合力资助，还要感谢阿拉善 SEE 东海项目中心、八闽项目中心和齐鲁项目中心在前两版绿皮书编写过程中给予的资助。同时，感谢积极参与"最值得关注的十块滨海湿地"推荐的非政府组织（NGO）的伙伴们和参与网上投票的广大公众，以及参与"中国沿海湿地保护十大进展"评选的科研院所的学者。最重要的是，感谢以中国科学院地理科学与资源研究所于秀波研究员为带头人的项目研究团队为该书成稿和出版付出的努力。

孙莉莉

北京市企业家环保基金会执行理事长

2022 年 2 月

序　三

　　滨海湿地生态系统类型复杂多样,是千万物种的生存家园。然而,滨海湿地也是目前全球最为脆弱和面临威胁最大的生态系统之一。为加强滨海湿地保护,国家林业和草原局湿地管理司、保尔森基金会、中国科学院地理科学与资源研究所等多家机构共同开展了"中国滨海湿地保护管理战略研究项目"和"中国沿海湿地水鸟及其栖息地数据库项目",相继确定了107块水鸟保护空缺地和132块沿海水鸟重要栖息地,为中国沿海湿地保护提供了重要的科学依据。

　　为及时评估中国沿海湿地的状态和保护有效性,北京市企业家环保基金会、红树林基金会、中国科学院地理科学与资源研究所共同开展了"中国沿海湿地保护绿皮书"项目,项目组已发布2017和2019两版研究报告。作为前期项目的延续,《中国沿海湿地保护绿皮书(2021)》旨在遴选中国沿海湿地保护十大进展、最值得关注的十块滨海湿地,科学评估沿海湿地干扰指数。这将有效促进"中国滨海湿地保护管理战略研究项目"和"中国沿海湿地水鸟及其栖息地数据库项目"相关成果的落地,使得滨海湿地保护行动更有针对性、系统性和有效性。

　　红树林基金会是中国首家由民间发起的环保公募基金会,致力于保护湿地及其生物多样性,践行社会化参与的自然保育模式。目前已启动了"守护深圳湾""拯救勺嘴鹬"和"重建海上森林"三大战略项目。红树林基金会已组建成一个涵盖保育、教育、科研、国际交流等方面的专业团队,在各级政府、专家学者、企业和公益合作伙伴等的支持下,创建了"社会化参与的自然保育模式"。《中国沿海湿地保护绿皮书(2021)》提出的滨海湿地干扰指数也将为滨海湿地保育和公众教育提供建议。

祝贺这个项目所获得的成果，感谢所有合作机构和专家为该项目的顺利完成所做出的贡献，红树林基金会将继续与大家携手同行，为滨海湿地保护做出积极努力。

雷光春

北京林业大学教授

红树林基金会理事长

2022 年 2 月

致　谢

首先要感谢北京市企业家环保基金会、红树林基金会为本项目的实施提供资助，感谢腾讯公益慈善基金会为本书出版提供资助。感谢项目组的中外专家对项目的支持，专家积极参与讨论、交流和调研活动，为本研究项目的顺利开展提供了科学指导。

感谢项目指导委员会为本项目提供的学术指导，包括国家林业和草原局湿地管理司副司长鲍达明、联合国开发计划署驻华代表处助理驻华代表马超德、中国湿地保护协会副会长刘亚文、红树林基金会秘书长闫保华、北京师范大学生命科学学院教授张正旺、北京林业大学生态与自然保护学院教授张明祥、中国科学院地理科学与资源研究所副所长封志明、国家林业和草原局林草调查规划院湿地调查监测评价处处长袁军、红树林基金会"重建海上森林"项目总监徐万苏、生态环境部生态环境监测司前副司长陶思明、北京林业大学生态与自然保护学院教授雷光春。感谢阿拉善SEE华北项目中心、太行项目中心、太湖项目中心的全体人员对本项目的支持。

本项目得到了中国科学院及相关高校等研究机构的专家支持，他们参加了项目组的学术会议，并参与撰写了部分文稿。各章节作者包括（按姓氏笔画排序）：于秀波、王宗明、毛德华、杨子力、杨彪、张广帅、张立、张全军、段后浪、夏少霞、焉恒琦。全书由于秀波、夏少霞、段后浪统稿，由毛德华、段后浪等制图，由刘傲禹、关磊、徐与蔓、段后浪负责项目的沟通与协调。

感谢"最值得关注的十块滨海湿地"的推荐单位及环保人士，感谢众多合作伙伴为项目实施提供了数据与照片。辽宁省葫芦岛市野生鸟类保护协会、沧州师范学院、东营市观鸟协会、连云港市滨海生态保护中心、上海市生态南汇志愿者协会、中国林业科学研究院亚热带林业研究所、宁波杭州湾国家湿地公园、凤凰于飞生物调查与自然保护工作室、广西红树林研究中心、红树林基金会等30家环保公益组织、科研机构共推荐了25块备选湿地。最终入选"最值得关注的十块滨海湿地"的推荐机构人员参加了书稿中相应湿地的编写，包括（按姓氏笔画排序）：孙仁杰、李宁、张东升、郑康华、单凯、孟德荣、段后浪、徐与蔓、韩永祥、焦盛武。照片提供者包括（按姓氏笔画排序）：三氧化二砷（笔名）、王志、王建民、王桂林、田志伟、刘明月、刘德生、孙仁杰、杨斌、汪亚菁、张东升、张弛、武胜龙、郑康华、孟德荣、施建庆、徐建能、韩永祥、满卫东。

感谢相关专家对本书文稿进行书面评审并在书稿评审会上提出宝贵意见，提升了书稿质量，包括：刘亚文、陶思明、廖国祥、石建斌、郝志明、张琼、孙玉露、张小红等。特别感谢中国科学院地理科学与资源研究所于贵瑞院士、北京市企业家环保基金会孙莉莉执行理事长和红树林基金会雷光春理事长在百忙之中为本书作序。

内 容 提 要

我国沿海湿地拥有极其丰富的生物多样性，是众多鸟类的繁殖地、停歇地和越冬地，具有重要的生态功能和生态价值。沿海湿地还为人类提供了重要的生态系统服务功能，在食物供给、水质净化、消浪护岸、固碳、气候调节等方面发挥着不可替代的作用。加强沿海湿地保护对于改善海洋生态健康状况、提升生物多样性水平至关重要。

近年来，我国发布并实施了一系列湿地保护措施，包括《全国湿地保护工程规划（2002—2030）》《国务院关于加强滨海湿地保护严格管控围填海的通知》等。党的十九大以来进一步对湿地保护做出重要举措。2020年6月11日，经中央全面深化改革委员会第十三次会议审议通过，国家发展改革委、自然资源部印发了《全国重要生态系统保护和修复重大工程总体规划（2021—2035年）》（简称《双重规划》）。《双重规划》中指出我国海洋生态保护和修复取得积极成效。红树林、珊瑚礁、海草床、盐沼等典型生境退化趋势初步得到遏制，近岸海域生态状况总体呈现趋势向好态势。

值得注意的是，目前我国沿海湿地生态系统状况依然不容乐观。国家林业和草原局、中国科学院等机构监测显示，在过去的半个世纪里，中国已经损失了53%的温带沿海湿地、73%的红树林和80%的珊瑚礁。第二次湿地调查结果显示，沿海湿地生态状况处于"中"和"差"两个等级，没有"好"等级。全国近岸海域赤潮频发，危害不断加剧。滨海湿地保护任重道远。

一、主要结论

结论1：近两年来，在顶层设计和国家政策引领下，沿海湿地保护制度和法制体系不断完善，湿地保护立法和管理体系不断健全，特别是《国务院关于加强滨海湿地保护严格管控围填海的通知》发布后，沿海湿地保护进入新的阶段，滨海湿地围垦和填海得到有效控制，并逐渐形成国家和政府主导、社会公众广泛参与的模式。

结论2：我国沿海湿地，特别是环渤海湿地、华南沿海湿地仍存在明显的保护空缺，普遍面临捕捞赶海、围海养殖等威胁，急需开展针对性的保护和恢复工作。

结论3：沿海湿地类型国家级保护区的受干扰程度总体较低，但在过去20年内有超过50%的自然保护区受干扰程度呈增加趋势，主要干扰因素包括城市扩张、农田扩大、道路干扰和水质污染等。

结论4：互花米草是沿海湿地的重要威胁之一，总分布面积呈现阶段变化，1990~2015年呈持续扩张趋势，年变化率达46%；2015~2020年，面积总体呈现缩小趋势。沿海省份互花米草的变化模式有明显不同，江苏、上海、浙江和福建呈扩张放缓或减少态势，河北和山东则呈扩张趋势。

结论5：沿海湿地，特别是黄渤海区域是鸻鹬类水鸟重要的繁殖地和停歇地，2000~2020年其重要物种适宜栖息地面积呈现不同程度的下降趋势，可能与滩涂湿地面积减少有关。

二、主要建议

建议1：统筹开展空-天-地多途径的沿海湿地调查与监测，特别是对滨海潮间带湿地资源调查、旗舰物种分布、互花米草等威胁因子进行动态监测，系统开展沿海湿地变化诊断和评估，为开展沿海湿地生态保护与修复提供数据支撑。

建议2：结合《全国重要生态系统保护和修复重大工程总体规划（2021—2035年）》及海岸带滨海湿地生态修复专项整治行动，对重要湿地和水鸟栖息地进行针对性保护和恢复，推动沿海湿地系统保护与修复。

建议3：结合自然保护地优化整合工作，将湿地保护优先区且干扰强度大的区域纳入新增或扩增保护地范围，填补现有湿地保护空缺，助力"十四五"期间湿地保护率提高至55%。

建议4：组织开展对沿海保护区管理部门、非政府组织和志愿者的专业培训，提高其参与沿海湿地水鸟及专项调查的能力，促进民间保护力量的成长。调动社会公众广泛参与水鸟栖息地保护，动员社会公众力量推动新增自然保护地的落地。

常 用 术 语

湿地：根据《湿地公约》的定义，湿地是指天然或人造、永久或暂时的死水或流水、淡水、微咸或咸水沼泽地、泥炭地或水域，包括低潮时水深不超过 6m 的海水区。

滨海湿地：《湿地公约》定义滨海湿地包括以下 12 类。

（1）浅海水域：低潮时水深不超过 6m 的永久水域，植被盖度 <30%，包括海湾、海峡。

（2）潮下水生层：海洋低潮线以下，植被盖度 ≥ 30%，包括海草层、海洋草地。

（3）珊瑚礁：由珊瑚聚集生长而成的湿地，包括珊瑚岛及有珊瑚生长的海域。

（4）岩石性海岸：底部基质 75% 以上是岩石，盖度 <30% 的植被覆盖的硬质海岸，包括岩石性沿海岛屿、海岩峭壁。本次调查指低潮水线至高潮浪花所及地带。

（5）潮间沙石海滩：潮间植被盖度 <30%，底质以砂、砾石为主。

（6）潮间淤泥海滩：植被盖度 <30%，底质以淤泥为主。

（7）潮间盐水沼泽：植被盖度 ≥ 30% 的盐沼。

（8）红树林沼泽：以红树植物群落为主的潮间沼泽。

（9）海岸性咸水湖：海岸带范围内的咸水湖泊。

（10）海岸性淡水湖：海岸带范围内的淡水湖泊。

（11）河口水域：从近口段的潮区界（潮差为零）至口外海滨段的淡水舌锋缘之间的永久性水域。

（12）三角洲湿地：河口区由沙岛、沙洲、沙嘴等发育而成的低冲积平原。

东亚 - 澳大利西亚候鸟迁徙路线：指自北极圈向南延伸，通过东亚和东南亚到达澳大利亚和新西兰的鸟类迁飞区，涵盖了 22 个国家，我国沿海 11 个省（自治区、直辖市）湿地是该迁徙路线的重要栖息地，特别是黄渤海滩涂湿地被称为该迁徙路线上的候鸟"加油站"。

湿地干扰指数：是一个评估湿地生态系统受干扰程度的综合指标。湿地干扰指数可揭示湿地受干扰的变化及趋势，可从不同的时间和空间尺度对湿地生态系统受干扰程度进行评价与比较，从而促使政府部门、保护地、企业和公众等共同努力改善与保护湿地。

目　　录

引　言

第一章

中国沿海湿地保护绿皮书（2021）

本章主笔作者：于秀波、杨彪、段后浪

我国海岸线狭长，涉及辽宁、河北、天津、山东、江苏、上海、浙江、福建、广东、广西、海南 11 个省（自治区、直辖市）及港澳台地区。沿海 11 个省（自治区、直辖市）居住着全国 40% 的人口，是我国经济总量最大的区域，占全国国内生产总值（GDP）的 58.6%。我国沿海湿地是重要的生命支持系统，有河口、三角洲、滩涂、红树林、珊瑚礁等多种典型类型，沿海湿地面积为 579.59 万 hm²，占全国湿地总面积的 10.85%。

我国沿海湿地拥有极其丰富的生物多样性，是众多鸟类重要的繁殖地、停歇地和越冬地，具有重要的生态功能和生态价值。沿海湿地还为人类提供重要的生态系统服务功能，在食物供给、水质净化、消浪护岸、固碳、气候调节等方面发挥着不可替代的作用。加强沿海湿地保护对于改善海洋生态健康状况，提升生物多样性水平至关重要。

值得重视的是，沿海湿地保护是我国湿地保护的"短板"。根据国家林业局（现为国家林业和草原局）2014 年公布的第二次全国湿地资源调查结果，受保护的滨海湿地面积达 139.04 万 hm²，占滨海湿地总面积的 23.99%，低于全国 43.5% 的湿地平均保护率。按照相同的统计口径，天然湿地面积比第一次全国湿地资源调查面积减少了 8.82%，而沿海 11 个省（自治区、直辖市）的滨海湿地面积却减少了 21.91%。

近年来，我国发布并实施了一系列湿地保护措施，包括《全国湿地保护工程规划（2002—2030）》《国务院关于加强滨海湿地保护严格管控围填海的通知》等。党的十九大以来进一步对湿地保护做出重要举措。2020 年 6 月 11 日，经中央全面深化改革委员会第十三次会议审议通过，国家发展改革委、自然资源部印发了《全国重要生态系统保护和修复重大工程总体规划（2021—2035 年）》（简称《双重规划》）。《双重规划》中指出我国海洋生态保护和修复取得了积极成效。红树林、珊瑚礁、海草床、盐沼等典型生境退化趋势初步遏制，近岸海域生态状况总体呈现趋势向好态势。截至 2018 年底，累计修复岸线约 1000km、滨海湿地 9600hm²、海岛 20 个。

2020 年 3 月，自然资源部下发自然保护地整合优化相关文件，就自然保护区范围及功能分区调整前期有关事项做出安排。进一步优化管理自然保护地，促进生态系统的有效保护。按照文件要求，自然保护区功能分区由核心区、缓冲区、实验区转为核心保护区和一般控制区。自然保护区核心保护区内的已设矿业权逐步有序退出，一般控制区内的根据对生态功能造成的影响确定是否退出。自然保护区的优化管理彰显了国家对包括沿海湿地在内的诸多生态系统保护的重视。

近几年，随着中国政府对湿地保护重视程度的提高，沿海湿地保护修复成效显著。主要表现在生态保护修复法律制度加快完善、生态空间管控体系更加健全、围填海活动监管更加严格、自然保护地体系建设稳步推进、生态保护修复重点专项行动和工程成效明显，以及海洋生物多样性调查、观测和评估稳步推进。"十三五"期间，生态保护修复重点专项行动和工程成效明显。实施蓝色港湾整治行动、海洋保护修复工程、渤海综合治理攻坚战行动计划、红树林保护修复专项行动，全国整治修复岸线 1200km，滨海湿地 2.3 万 hm²。

2019 年 7 月 5 日，第 43 届世界遗产大会宣布将江苏省盐城的中国黄（渤）海候鸟栖息地（第一期）列入《世界遗产名录》，成为中国首项湿地类型的世界自然遗产。2020 年 10 月 26 日，河北省林业和草原局发文批准建立河北滦南南堡嘴东省级湿地公园。黄（渤）海候鸟栖息地申遗成功和河北滦南南堡嘴东省级湿地公园的批准建立，是践行习近平主席生态文明思想，贯彻绿色发展理念的现实生动体现，是中国世界自然遗产从陆地走向海洋的开始，为经济发达、人口稠密的东部沿海地区自然遗产的保护与合理利用提供了创新典范。

然而，我国湿地保护与修复的任务依然艰巨且紧迫。大规模填海造陆改变了沿海湿地生态系统的空间结构和功能，对滨海湿地海岸带生态环境造成了很大的负面影响。围海养殖占用了大量的海湾、河口和滨海湿地等重要的湿地类型，破坏了珊瑚礁、海草床、红树林等典型的沿海湿地类型，造成生境破碎化，生物多样性锐减，很多湿地生态系统健康状况不容乐观。

根据《中国沿海湿地保护绿皮书（2017）》对沿海 35 个保护区湿地健康状况评估结果，沿海 35 个国家级自然保护区及 11 个省份湿地整体健康状况并不理想，从健康或亚健康状态演变成不健康状态。得分高于 70 分的保护区有 7 个，仅占总数的 20%，低于 60 分的保护区有 12 个，占总数的 34%。沿海 11 个省份湿地健康指数评估显示平均分为 59.2 分，处于亚健康状态；在 11 个省份湿地风险指数（wetland hazard index，WHI）得分分布上，有 7 个省份的保护区得分为 50~60 分，占总数的 63.6%，生态系统易遭受外界干扰发生变化，稳定性较差。

国家林业和草原局、中国科学院等部门和机构的监测显示：在过去的半个世纪里，中国已经损失了 53% 的温带沿海湿地、73% 的红树林和 80% 的珊瑚礁。第二次湿地调查结果显示沿海湿地生态状况处于"中"和"差"两个等级，没有"好"等级。全国近岸海域赤潮频发，危害不断加剧。目前，我国沿海湿地主要受过度捕捞和采集、围垦、外来物种入侵与基建占用四大威胁因子的影响。

外来物种入侵是我国沿海湿地保护所面临的巨大威胁之一。为了保滩护岸、改良土壤、绿化海滩和改善海滩生态环境，原产北美洲大西洋海岸的互花米草（Spartina alterniflora）在 1979 年被引入我国。由于互花米草具有耐盐、耐淹、抗逆性强、繁殖力强的特点，自然扩散速度极快，侵占了水鸟的适宜栖息地，已在不少海域泛滥成灾，我国在 2003 年把互花米草列入首批外来入侵物种名单。

过度捕捞和采集使我国的近海渔业资源严重衰退。据联合国粮食及农业组织统计，我国现在是世界捕鱼第一大国，且已经连续 17 年捕捞量排世界第一。在过去几十年里，中国近海捕捞量持续大幅增长，各大渔场传统渔业种类消失、优质鱼类渔获量减少、经济种群低龄化小型化趋势明显，滩涂养殖和过度捕捞严重影响候鸟的栖息地质量，人鸟争食的情况屡见不鲜。

伴随着快速的工业化和城市化进程，湿地及其生物多样性承受的压力日益增大，再加上我国湿地保护缺乏科学的、综合性的国家级战略规划与政策，湿地管理存在管理机构能力不足、体制机制不顺、相关法律法规体系不完善、政策上存在相互冲突，以及管理职能上存在重叠、交叉和缺位等问题，公众对湿地保护的意识有待提升等，导致我国湿地面积持续减少、功能退化的现象仍然普遍存在。

"中国沿海湿地保护绿皮书"是介绍中国沿海湿地健康状况、保护进展与热点问题的双年度评估报告，属于高级科普读物，面向的读者主要是从事湿地保护与管理的政府官员、湿地类型保护区与国家湿地公园的管理与技术人员、NGO 人员、研究人员和关心湿地与候鸟保护的公众，特别是中国沿海湿地保护网络成员单位相关人员。其编写与发布的目的是发展公众参与机制，推动民间保护力量的成长；影响滨海湿地管理部门的决策，推动湿地法律、法规的制定和管理。本报告所涉及的空间范围为中国沿海 11 个省（自治区、直辖市），包括辽宁、河北、天津、山东、江苏、上海、浙江、福建、广东、广西、海南。

《中国沿海湿地保护绿皮书（2017）》和《中国沿海湿地保护绿皮书（2019）》由国家林业和草原局湿地管理司指导，由北京市企业家环保基金会、红树林基金会资助，由中国科学院地理科学与资源研究所组织编写，先后于 2017 年在辽宁盘锦召开的沿海湿地保护网络会议和 2019 年在海南举办的第三届海洋公益论坛上发布。该报告的结果屡次被中国湿地协会自媒体、阿拉善 SEE 公众号等多家媒体、机构引用报道，受到了保护区等相关机构的关注和重视。两期报告中所评选出的最值得关注的十块滨海湿地，多数已经被保护区、国家湿地公园及阿拉善 SEE "任鸟飞"项目保护地块所覆盖。

《中国沿海湿地保护绿皮书（2021）》报告共包括中国沿海湿地保护十大进展、最值得关注的十块滨海湿地、沿海湿地干扰指数及干扰状况评估、沿海湿地保护典型案例等内容。希望通过连续的评估监测推动公众对沿海湿地保护的关注；希望在政府的主导下、在科学的基础上发挥民间组织的力量，推动我国湿地保护行动。

中国沿海湿地保护十大进展 第二章

中国沿海湿地保护绿皮书（2021）

2

本章主笔作者：张广帅、于秀波、杨子力

一、中国沿海湿地保护进展概述

"中国滨海湿地保护管理战略研究项目"（2014~2015 年）以中国滨海湿地的现状与问题、滨海湿地动态变化情景预测为基础，重点以水鸟为主要指示物种，确定滨海湿地的保护空缺及保护优先区，提出了中国滨海湿地保护管理战略，确定了滨海湿地保护应重点关注的 7 个领域 22 项优先行动。

通过滨海湿地保护进展跟踪评估，本报告梳理了近两年来（2019 年 7 月至 2021 年 10 月）优先行动在国家、地方、民间组织和研究机构等不同层面，以及在沿海湿地保护制度建设、湿地保护政策、滨海湿地保护体系、湿地保护工程、湿地保护科技支撑体系、公众意识与参与机制、国际合作与交流等不同领域的进展。

回顾 2015 年以来的中国沿海湿地保护重要进展，国家顶层设计与政策引领始终是推动沿海湿地保护修复进程最重要的力量；滨海湿地与自然岸线整治修复、严格围填海管控与自然保护地管理始终是沿海湿地保护修复最主要的措施；民间组织始终是沿海湿地生物多样性调查与栖息地保护最积极的参与者和中坚力量（表 2.1）。尤其是近两年来，我国在湿地保护法规制度建设和生态保护修复系统规划等方面取得了突出进展。多部与湿地生态系统保护与修复相关的规范性文件颁布，滨海湿地和沿海生物多样性保护上升到前所未有的高度；滨海湿地生态保护修复逐渐形成以国家和政府为主导，社会公众广泛参与的多元化局面；"重要生境修复＋典型旗舰物种保护"的生物多样性保护格局，以及"典型生态系统保护＋重点海域流域协同治理"的生态治理格局已见雏形（表 2.2）。然而，在滨海湿地恢复修复技术支撑与成果转化、沿海湿地生态系统与生物多样性长期监测与数据共享等方面仍存在较大的上升空间，通过沿海湿地保护修复提升海洋生态系统应对全球气候变化韧性的行动仍处在起步阶段，激发社会资本广泛参与沿海湿地保护的积极性，实现沿海湿地生态产品价值实现还需要多方面的政策引导和努力。

表2.1 2015~2021年中国沿海湿地保护进展回顾

	2017年沿海湿地保护十大进展	2019年沿海湿地保护十大进展	2021年沿海湿地保护十大进展
1	中央全面深化改革领导小组审议通过了《湿地保护修复制度方案》	国务院印发《国务院关于加强滨海湿地保护严格管控围填海的通知》	"十三五"期间沿海湿地保护修复成效显著，"十四五"将聚焦重点海域综合治理
2	国家林业局编制《全国湿地保护"十三五"实施规划》	中国生态保护红线和湿地保护制度进一步强化	我国生物多样性保护制度在沿海实施，促进滨海湿地与野生动物保护

2017年沿海湿地保护十大进展	2019年沿海湿地保护十大进展	2021年沿海湿地保护十大进展
3	国家海洋局颁布海岸线与滨海湿地保护的政策	中国黄（渤）海候鸟栖息地（第一期）入选世界自然遗产	海岸带保护修复纳入《全国重要生态系统保护和修复重大工程总体规划》
4	深圳湾"政府＋专业机构＋社会公众"的社会化参与自然保育模式	生态环境部、国家发展改革委和自然资源部联合印发了《渤海综合治理攻坚战行动计划》	国家重推"美丽海湾"与"生态保护补偿"建设
5	"中国沿海湿地保护网络"在福州成立	中共中央环境保护督查委员会和"绿盾2018"自然保护区监督检查专项行动取得阶段性成果	国家启动自然保护区范围及功能分区优化调整工作
6	"中国滨海湿地保护管理战略研究项目"成果发布	"蓝色海湾"整治行动取得阶段性成效，中央首提海上环卫制度	大江大河三角洲保护纳入流域综合治理制度体系
7	崇明东滩治理互花米草入侵取得明显成效	全球环境基金助力沿海湿地保护	红树林保护及恢复战略研究项目成果发布
8	七部门联合开展打击野生动物的违法犯罪"清网行动"	民间环保组织促进濒危生物及栖息地保护	全面治理互花米草入侵、恢复受损沿海湿地已达成普遍共识
9	2016年黄渤海水鸟同步调查成功举行	《中国国际重要湿地生态状况白皮书》于2019年世界湿地日发布	社会资本参与下的沿海湿地多元保护与修复格局逐渐形成
10	"任鸟飞"项目推动民间湿地保护	中国六城荣获"国际湿地城市"称号	民间组织持续推动沿海湿地保护，沿海生态系统调查监测保护体系更加健全，打造海洋生物保护中国案例

表2.2　近两年滨海湿地进展跟踪对照表

滨海湿地保护优先行动*	进展评价				典型案例
	优	良	中	差	
1. 完善湿地保护制度和法制体系					• 2020年，我国颁布《中华人民共和国生物安全法》，2021年修订了《中华人民共和国动物防疫法》等法律法规
1.1　颁布国家湿地保护法	√				• 《中华人民共和国长江保护法》于2020年12月26日，第十三届全国人民代表大会常务委员会第二十四次会议表决通过，并于2021年3月1日起实施**
1.2　建立湿地综合执法制度		√			• 2021年8月《第三次全国国土调查主要数据公报》发布，我国湿地面积为2346.93万hm²，其中沿海滩涂面积为151.23万hm²、红树林地面积为2.71万hm²
					• 2021年10月《黄河流域生态保护和高质量发展规划纲要》发布，黄河三角洲生态保护上升为国家战略**
1.3　健全湿地管理体系			√		• 2021年10月，中共中央办公厅、国务院办公厅印发《关于进一步加强生物多样性保护的意见》
					• 2021年，共有394种鸟类列入更新后的《国家重点保护野生动物名录》，占我国已知种类总数的27.27%
					• 沿海11个省份检察机关开展"守护海洋"检察公益诉讼专项监督

续表

滨海湿地保护优先行动*	进展评价				典型案例
	优	良	中	差	
2. 优化湿地保护修复政策					• 中共中央办公厅、国务院办公厅印发《关于深化生态保护补偿制度改革的意见》**
2.1 全面落实"零损失"的生态红线政策		√			• 2021年5月深圳推出全国首个《海洋碳汇核算指南》(以下简称《核算指南》),完成《2018年深圳市大鹏新区海洋碳汇核算报告》
2.2 全面推进生态补偿政策	√				• 2021年8月,兴业银行青岛分行以胶州湾湿地碳汇为质押,向青岛胶州湾上合示范区发展有限公司发放贷款1800万元,专项用于企业购买增加碳吸收的高碳汇湿地作物等以保护滨海湿地,这是全国首单湿地碳汇贷款
2.3 创新湿地保护与恢复的市场机制		√			• 2021年11月10日发布《国务院办公厅关于鼓励和支持社会资本参与生态保护修复的意见》,鼓励和支持社会资本参与海洋生态保护修复**
3. 完善滨海湿地保护体系					
3.1 增加沿海湿地保护地面积				√	• 2020年2月10日自然资源部、国家林业和草原局下发《关于做好自然保护区范围及功能分区优化调整前期有关工作的函》,国家启动自然保护区范围及功能分区优化调整工作**
3.2 提升沿海湿地保护地的保护能力与有效性		√			• 2020年10月26日,河北省林业和草原局发文批准建立河北滦南南堡嘴东省级湿地公园
3.3 组织申报国际重要湿地和世界自然遗产,开展湿地类型的国家公园试点		√			
4. 实施滨海湿地保护修复工程					• 2020年6月30日国家发展和改革委员会、自然资源部发布《全国重要生态系统保护和修复重大工程总体规划(2021—2035年)》**
4.1 滨海湿地保护基础设施建设工程			√		• "十三五"期间整治修复岸线1200km,滨海湿地2.3万hm²**
4.2 滨海湿地保护能力建设工程			√		• 渤海综合治理攻坚战生态保护修复行动落地见效,滨海湿地修复规模达到8891hm²,整治修复岸线132km**
4.3 滨海湿地恢复工程	√				• "十四五"海洋生态保护聚焦建设"美丽海湾"**
4.4 滨海湿地可持续利用示范工程			√		
5. 建立滨海湿地保护的科技支撑体系					• "爱观鸟"平台与"中国沿海132块水鸟重要栖息地名录"发布,助力湿地与水鸟保护**
5.1 制定滨海湿地监测指标体系与技术规范			√		• 2016~2020年连续五年的中国黄(渤)海湿地的春季水鸟同步调查,共记录到8目19科146种水鸟,总数合计4 858 382只
5.2 建立和完善滨海湿地生态监测网络			√		• 复旦大学和上海崇明东滩鸟类国家级自然保护区联合编制的《互花米草生态控制技术规范》(DB31/T 1243—2020)于2020年9月1日正式发布;黄河三角洲湿地互花米草入侵机制与治理技术科研攻关及工程示范治理成效显著**
5.3 坚持长期沿海水鸟同步调查		√			
5.4 开展滨海湿地生态系统健康评估			√		

续表

滨海湿地保护优先行动*	进展评价				典型案例
	优	良	中	差	
6. 建立滨海湿地保护的公众参与机制					• 2020 年世界海洋日，红树林基金会（MCF）发布"中国红树林保护及恢复战略研究项目成果"**
6.1　建立中国沿海湿地保护网络、构建公众参与平台		√			• 2019 年 12 月中国珊瑚保护联盟在海南陵水成立。会上发布了《中国造礁石珊瑚状况报告》与《中国珊瑚保护行动计划纲要》**
6.2　促进国内基金会与民间环保组织参与滨海湿地保护		√			• 2020 年 9 月，中国太平洋学会珊瑚礁分会和北京市企业家环保基金会联合在线发布《中国珊瑚礁状况报告 2019》
6.3　深化与国际组织在中国湿地保护方面的交流与合作		√			• 福建省观鸟会向福建省政协大会提出了《关于尽快建立兴化湾湿地（福清市区域）候鸟自然保护地的建议》，福建省林业局承诺尽快成立保护区 • 2020 勺嘴鹬保护联盟打造勺嘴鹬保护中国案例、民间组织持续推动沿海濒危水鸟调查、栖息地保护及保护地能力建设**
7. 积极参与国际合作与交流					• 2019 年 10 月 20~22 日，东亚六国鹤类保护国际研讨会在北京林业大学召开
7.1　认真履行湿地保护相关的国际公约	√				• 2021 年 5 月，联合国开发计划署-全球环境基金"东亚-澳大利西亚候鸟迁徙路线中国候鸟保护网络建设"项目启动会在山东省东营市召开，该项目将修复 6 万 hm² 水鸟重要栖息地，直接和间接减少二氧化碳量排放，助力我国实现"碳达峰"和"碳中和"目标
7.2　完善东亚-澳大利西亚候鸟迁徙路线伙伴实施机制	√				• 联合国《生物多样性公约》第十五次缔约方大会第一阶段会议于 2021 年 10 月 15 日在云南昆明闭幕，发布《昆明宣言》**
7.3　加强在湿地科学研究和保护管理的国际合作			√		• 《湿地公约》第十四届缔约方大会将于 2022 年 11 月在中国湖北武汉举办，这是我国首次承办该国际会议 • 2021 年 10 月 14 日，东亚-澳大利西亚迁飞区伙伴关系协定（EAAFP）与亚洲开发银行（ADB）和国际鸟盟合作推出了区域迁飞区倡议（RFI），旨在推进东亚-澳大利西亚迁飞区关键湿地生态系统的恢复和可持续管理

﹡表示本表中的优先行动为《中国滨海湿地保护管理战略研究》所列的优先行动

﹡﹡表示案例列入本书所重点介绍的十大进展

湿地保护政策和工程方面，2015~2017 年，针对滨海湿地与海岸线保护利用的严峻形势，国家层面开始重视滨海湿地与自然岸线保护修复制度建设，并部署相关重大工程。建立了自然岸线保有率控制制度，提出了坚持生态优先、自然恢复为主，分类管理、合理利用、协调发展的滨海湿地保护和开发管理原则，实施了海域海岸带整治修复专项、蓝色海湾整治修复行动、"南红北柳"生态工程等一系列重大修复项目；2017~2019 年，滨海湿地保护与修复从制度建设及顶层设计方面逐渐转向具体的修复行动和管控措施的制定，国

专栏 2.2 "十三五"期间渤海综合治理攻坚战成效显著

监测结果显示,"十三五"期间渤海近岸海水水质状况总体呈改善趋势,2020年渤海近岸海域优良水质比例为82.2%(目标为73%)(表2.3),较上年上升4.4个百分点,较"十三五"的平均值上升8.9个百分点;监测的五个河口海湾生态系统均呈亚健康状态;入海河流断面水质总体呈改善趋势,2020年渤海入海河流Ⅰ~Ⅲ类水质断面比例较2016年上升30.5个百分点,劣Ⅴ类下降34.8个百分点;渤海直排海污染源的化学需氧量、氨氮、总氮和总磷受纳总量均波动下降。"十三五"期间,渤海综合治理攻坚战生态保护修复项目滨海湿地修复规模达到8891hm²(目标为不低于6900hm²),整治修复岸线132km(目标为不低于70km)。

表2.3 2020年渤海近岸各类海水水质面积比例(%)

季节	Ⅰ类水质	Ⅱ类水质	Ⅲ类水质	Ⅳ类水质	劣Ⅳ类水质	优良水质
春季	51.5	30.1	11.4	2.5	4.5	81.6
夏季	48.7	38.4	6.9	2.8	3.2	87.1
秋季	61.4	16.6	12.1	5.3	4.6	78.0
年平均	53.9	28.4	10.1	3.5	4.1	82.2

"十三五"期间,2018~2020年记录到的渤海水鸟个体数量和平均种群数量均表现出升高的趋势(图2.2)。2020年记录到的渤海水鸟个体总数为629 231只,与2018年相比增加了68.08%;2020年,渤海沿海湿地各监测区记录到的水鸟平均种类数量为44种,与2018年相比增加了2.33%。

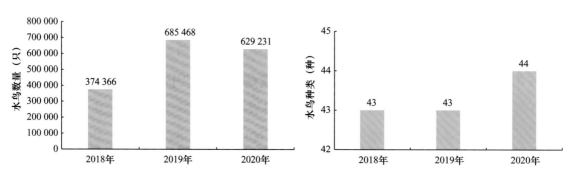

图 2.2 2018~2020 年渤海水鸟数量与种类

（1）**生态保护修复法律制度加快完善**。立法机关完成了森林法、海洋环境保护法等多部法律修订工作。加快推进矿产、草原、自然保护地、野生动物保护、国土空间开发保护、空间规划等方面的立法修法进程。国家层面出台了关于建立国土空间规划体系、自然资源资产产权制度改革、自然保护地体系、统筹划定落实三条控制线、严格管控围填海和天然林、湿地保护修复等重要政策文件。

（2）**生态空间管控体系更加健全**。多规合一的国土空间规划体系顶层设计和总体框架基本形成。沿海各省（自治区、直辖市）积极编制陆海统筹的"三线一单"，划定海洋生态环境质量底线，明确海洋生态保护空间格局。开展生态保护红线评估调整工作，将陆地、海洋具有特殊重要生态功能、需要强制性严格保护的区域划入红线。除国家重大项目外，全面禁止围填海，大规模违法填海活动得到有效遏制，自然生态空间用途管制规则、制度、机制初步建立。

（3）**围填海活动监管更加严格**。将沿海各级政府贯彻落实围填海管控要求情况纳入中央生态环境保护督察中，推动各地加强历史围填海区的违法违规人工构筑物拆除和生态环境整治修复。严把用海项目环评审批关，严格评估填海工程实施可能造成的海洋生态环境影响，注重评估生态修复和补偿措施的可行性与有效性等。利用卫星遥感、无人机等技术对围填海工程实施监视监管，及时发现和处理违法违规占用自然岸线和滨海湿地等问题。

（4）**自然保护地体系建设稳步推进**。推进自然保护地整合优化，加快构建以国家公园为主体的自然保护地体系。初步建立了以海洋珍稀濒危物种、海洋自然遗迹与景观、典型海洋生态系统为主要保护对象的海洋自然保护地网络。截至目前，共建有各级各类海洋自然保护区、海洋特别保护区（含海洋公园）273 处，总面积达 12 万 km²，约占我国管辖海域面积的 4.1%。

（5）**生态保护修复重点专项行动和工程成效明显**。实施蓝色海湾整治行动、海岸带保护修复工程、渤海综合治理攻坚战行动计划、红树林保护修复专项行动，全国整治修复岸线 1200km、滨海湿地 2.3 万 hm²，治理区域海洋生态质量和功能得到提升。

（6）**海洋生物多样性调查、观测和评估稳步推进**。持续开展我国管辖海域海洋生物多样性调查监测，深入开展红树、珊瑚、海草、斑海豹、海鸟等关键物种及栖息环境的调查监测评估。截至 2019 年，各级生态环境部门监测的海洋生态系统数量达 18 个，2020 年进一步增加至 27 个，监测面积增加至 7.3 万 km²，基本覆盖我国近岸河口、海湾、海岛、滩涂湿地、珊瑚礁、红树林和海草床等主要生态系统类型。

2021 年 11 月 2 日中共中央、国务院印发《关于深入打好污染防治攻坚战的意见》，明确指出"十四五"要着力打好重点海域综合治理攻坚战，巩固深化渤海综合治理成果，实施长江口 - 杭州湾、珠江口邻近海域污染防治行动，深入推进入海河流断面水质改善、沿岸直排海污染源整治、海水养殖环境治理，加强船舶港口、海洋垃圾等污染防治。推进重点海域生态系统保护修复，加强海洋伏季休渔监管执法。推进海洋环境风险排查整治和应急能力建设。到 2025 年，重点海域水质优良比例比 2020 年提升 2 个百分点左右，省控及以上河流入海断面基本消除劣 V 类，滨海湿地和岸线得到有效保护。

（二）我国生物多样性保护制度在沿海实施，促进滨海湿地与野生动物保护

生物多样性是全球热点议题之一，2021 年 10 月 8 日国务院新闻办公室发表《中国的生物多样性保护》白皮书。白皮书介绍，中国幅员辽阔，陆海兼备，地貌和气候复杂多样，孕育了丰富而又独特的生态系统、物种和遗传多样性，是世界上生物多样性最丰富的国家之一。白皮书表示，中国将始终做万物和谐美丽家园的维护者、建设者和贡献者，与国际社会携手并进、共同努力，开启更加公正合理、各尽所能的全球生物多样性治理新进程，实现人与自然和谐共生的美好愿景，推动构建人类命运共同体，共同建设更加美好的世界。

中国是世界上海洋生物多样性最为丰富的国家之一，已记录到海洋生物 28 000 多种，约占全球海洋生物物种数的 11%。为加强保护，近年来，国家严格管控围填海，推进海域、海岛、海岸线和滨海湿地生态修复，建立起以自然保护区和海洋公园为主的海洋生物保护体系。各项保护措施为濒危海洋物种的种群恢复提供了条件。在广西涠洲岛，通过观察识别出来的布氏鲸个体已达 48 头，这是 1980 年之后发现的首例近岸分布的大型鲸类群体；目前，我国斑海豹的数量已从 1200 只恢复到 2000 只。2021 年，共有 394 种鸟类列入《国家重点保护野生动物名录》，占我国已知种类总数的 27.27%（394/1445），其中一级重点保护鸟类 92 种，二级重点保护鸟类 302 种。与 1989 年发布的《国家重点保护野生动物名录》相比，种类增加了 169 种。

另外，中国发布了一系列的保护政策，对海洋珍稀濒危物种及其周围生态环境的保护起到了良好的作用。例如，中国于 1994 年发布实施了《中国生物多样性保护行动计划》，在《中国 21 世纪议程》中将生物多样性列为重要内容之一；先后出台了《长江江豚拯救行动计划（2016—2025）》《中华白海豚保护行动计划（2017—2026 年）》《斑海豹保护行动计划（2017—2026 年）》等，进一步加强栖息地保护，规范人工繁育，严格经营利用，切实保护好海洋生物多样性，建设生态文明，促进人与自然和谐发展。

2021 年 10 月，联合国《生物多样性公约》缔约方大会第十五次会议（COP15）第一阶段

会议成功在昆明召开，会议以"生态文明：共建地球生命共同体"为主题，推动制定"2020年后全球生物多样性框架"，发表了《昆明宣言》，为未来全球生物多样性保护设定目标、明确路径，具有重要意义。会上习近平总书记宣布中国将率先出资15亿元人民币，成立昆明生物多样性基金，支持发展中国家生物多样性保护事业。

《昆明宣言》在缔约方之间达成了几个共识，包括：生物多样性对各国GDP增长和可持续发展至关重要，生物多样性丧失对经济社会和人类发展造成威胁，过去10年全球生物多样性保护成效并不理想，不合理的人类活动是导致生物多样性下降的原因等。《昆明宣言》强调，采取环境、经济和社会的综合手段，通过政府政策的制定，使生物多样性保护主流化。在加强生物多样性保护的同时，增强惠益分享，更好地调动当地群众参与保护的积极性。《昆明宣言》明确地从自然、经济、社会等方面深入分析，全面覆盖陆地、海洋等各种生态系统，具有多元性。宣言中提到生物多样性丧失的主要直接驱动因素是土地和海洋利用变化、过度开发、气候变化、污染和外来入侵物种，因此需要采取组合措施来遏制和扭转生物多样性丧失，包括采取行动解决土地和海洋利用变化、加强生态系统的保护和恢复、减缓气候变化、减少污染、控制外来入侵物种和防止过度开发，以及采取行动变革经济和金融体系，确保可持续生产和消费、减少浪费。《昆明宣言》在承诺中提到要加大行动力度，减少人类活动对海洋的负面影响，保护海洋和沿海生物多样性，增强海洋和沿海生态系统对气候变化的韧性（专栏2.3）。

专栏 2.3　海洋生物多样性面临的困境

21世纪，海洋成为人类社会赖以生存和发展的重要基地之一，是人类获取食物、工业原料和能源的重要场所。然而，目前由于人类活动对海洋生态环境的干扰，约37%的濒危、渐危和稀有的脊椎动物受到过度捕捞的威胁。海洋污染已造成有些海域的海洋生物死亡、物种多样性减少、生物体内有毒物质增加、渔场外移。

1. 生物栖息地丧失，生态系统多样性受损

多年监测的近岸典型海洋生态系统80%左右处于亚健康或不健康状态。据"我国近海海洋综合调查与评价"（908专项）初步估算，20世纪50年代至2002年，滨海湿地丧失57%，华南沿海及南海周边红树林面积减少73%，珊瑚礁面积减少80%。

---

2. 优质渔业资源锐减，海洋物种多样性退化

受过度捕捞、栖息地和"三场一通道"受损、环境污染等多重影响，近几十年来，我国近海渔业渔获总量增加，但高价值经济鱼种的占比不断下降，高营养级鱼类资源枯竭导致沿食物链的级联效应，低营养级、低价值鱼类的过度捕捞造成海洋荒漠化日趋明显。

3. 珍稀濒危生物风险加大，海洋生物遗传多样性受到威胁

我国海洋濒危物种数目显著增多，珍稀物种濒危级别增加，珍稀濒危生物群体瓶颈效应严重威胁生物遗传多样性。150 种中国海参种由于过度采捕有 53 种成为濒危；中国鲎目前已沦为濒危等级；国家一级保护动物斑海豹的数量自 20 世纪 80 年代起一直处在较低的水平；国家二级保护动物文昌鱼在河北昌黎黄金海岸国家级自然保护区的栖息密度总体呈下降趋势。

（三）海岸带保护修复纳入《全国重要生态系统保护和修复重大工程总体规划》

2020 年 6 月 3 日，经中央全面深化改革委员会第十三次会议审议通过，国家发展改革委、自然资源部印发了《全国重要生态系统保护和修复重大工程总体规划（2021—2035 年）》（简称《双重规划》）。作为全国生态保护与建设工作的行动纲领和指南，《双重规划》将海岸带生态保护与修复纳入其中，确定了海岸带生态保护修复的主攻方向，并明确了 6 项海岸带保护与修复重大工程。

《双重规划》中提到，目前，我国生态环境质量呈现稳中向好趋势，各类自然生态系统恶化趋势基本得到遏制，稳定性逐步增强，国家生态安全屏障骨架基本构筑。我国海洋生态保护和修复取得积极成效。陆续开展了沿海防护林、滨海湿地修复、红树林保护、岸线整治修复、海岛保护、海湾综合整治等工作，局部海域生态环境得到改善，红树林、珊瑚礁、海草床、盐沼等典型生境退化趋势初步遏制，近岸海域生态状况总体呈现趋势向好态势。截至 2018 年底，累计修复岸线约 1000km、滨海湿地 9600hm²，海岛 20 个。

《双重规划》提出了"坚持保护优先，自然恢复为主""坚持科学治理，推进综合施策"等基本原则并明确，到 2035 年，通过大力实施重要生态系统保护和修复重大工程，全面加强生态保护和修复工作，全国森林、草原、荒漠、河湖、湿地、海洋等自然生态系统状况实现根本好转，生态系统质量明显改善，优质生态产品供给能力基本满足人民群众需求，人与自然和谐

共生的美丽画卷基本绘就。

　　《双重规划》将重大工程重点布局在青藏高原生态屏障区、黄河重点生态区（含黄土高原生态屏障）、长江重点生态区（含川滇生态屏障）、东北森林带、北方防沙带、南方丘陵山地带、海岸带等重点区域，根据各区域的自然生态状况、主要生态问题，研究提出了主攻方向（专栏 2.4，专栏 2.5）。

专栏 2.4　海岸带主要生态问题与保护修复主攻方向

　　《双重规划》中的海岸带区域涉及辽宁、河北、天津、山东、江苏、上海、浙江、福建、广东、广西、海南 11 个省（自治区、直辖市）的近岸近海区，涵盖黄渤海、东海和南海等重要海洋生态系统，含辽东湾、黄河口及邻近海域、北黄海、苏北沿海、长江口 - 杭州湾、浙中南、台湾海峡、珠江口及邻近海域、北部湾、环海南岛、西沙、南沙 12 个重点海洋生态区和海南岛中部山区热带雨林国家重点生态功能区。本区域是我国经济最发达、对外开放程度最高、人口最密集的区域，是实施海洋强国战略的主要区域，也是保护沿海地区生态安全的重要屏障。

　　主要生态问题：本区域受全球气候变化、自然资源过度开发利用等影响，局部海域典型海洋生态系统显著退化，部分近岸海域生态功能受损、生物多样性降低、生态系统脆弱，风暴潮、赤潮、绿潮等海洋灾害多发频发。具体表现为：17% 以上的岸段遭受侵蚀，约42% 的海岸带区域资源环境承载力超载；局部地区红树林、珊瑚礁、海草床、滨海湿地等生态系统退化问题较为严重，调节和防灾减灾功能无法充分发挥；珍稀濒危物种栖息地遭到破坏，有害生物危害严重，生物多样性损失加剧。

　　主攻方向：以海岸带生态系统结构恢复和服务功能提升为导向，立足辽东湾等 12 个重点海洋生态区和海南岛中部山区热带雨林国家重点生态功能区，全面保护自然岸线，严格控制过度捕捞等人为威胁，重点推动入海河口、海湾、滨海湿地与红树林、珊瑚礁、海草床等多种典型海洋生态类型的系统保护和修复，综合开展岸线岸滩修复、生境保护修复、外来入侵物种防治、生态灾害防治、海堤生态化建设、防护林体系建设和海洋保护地建设，改善近岸海域生态质量，恢复退化的典型生境，加强候鸟迁徙路径栖息地保护，促进海洋生物资源恢复和生物多样性保护，提升海岸带生态系统结构完整性和功能稳定性，提高抵御海洋灾害的能力。

专栏 2.5　海岸带生态保护和修复重大工程

推进"蓝色海湾"整治，开展退围还海还滩、岸线岸滩修复、河口海湾生态修复，以及红树林、珊瑚礁、柽柳等典型海洋生态系统保护修复、热带雨林保护、防护林体系等工程建设，加强互花米草等外来入侵物种灾害防治。重点提升粤港澳大湾区和渤海、长江口、黄河口等重要海湾、河口生态环境，推进陆海统筹、河海联动治理，促进近岸局部海域海洋水动力条件恢复；维护海岸带重要生态廊道，保护生物多样性；恢复北部湾典型滨海湿地生态系统结构和功能；保护海南岛热带雨林和海洋特有动植物及其生境，加强海南岛水生态保护修复，提升海岸带生态系统服务功能和防灾减灾能力。

1. 粤港澳大湾区生物多样性保护

推进海湾整治，加强海岸线保护与管控，强化受损滨海湿地和珍稀濒危物种关键栖息地保护修复，构建生态廊道和生物多样性保护网络，保护和修复红树林等典型海洋生态系统，提升防护林质量，建设人工鱼礁，实施海堤生态化建设，保护重要海洋生物繁育场。推进珠江三角洲水生态保护修复。

2. 海南岛重要生态系统保护和修复

全面保护修复热带雨林生态系统，加强珍稀濒危野生动植物栖息地保护恢复，建设生物多样性保护和河流生态廊道。以红树林、珊瑚礁、海草床等典型生态系统为重点，加强综合整治和重要生境修复，强化自然岸线、滨海湿地保护和恢复。

3. 黄渤海生态保护和修复

推进河海联动统筹治理，加快推进渤海综合治理，加强河口和海湾整治修复，实施受损岸线修复和生态化建设，强化盐沼和砂质岸线保护；加强鸭绿江口、辽河口、黄河口、苏北沿海滩涂等重要湿地保护修复；保护和改善迁徙候鸟重要栖息地，加强海洋生物资源保护和恢复，推进浒苔绿潮灾害源头整治。

4. 长江三角洲重要河口区生态保护和修复

加强河口生态系统保护和修复，推动杭州湾、象山港等重点海湾的综合整治，提高海堤生态化水平。加强长江口及舟山群岛周边海域的生物资源养护，保护和改善江豚、中华鲟等珍稀濒危野生动植物栖息地，加强重要湿地保护修复。

5. 海峡西岸重点海湾河口生态保护和修复

推进兴化湾、厦门湾、泉州湾、东山湾等半封闭海湾的整治修复，推进侵蚀岸线修复，加强重要河口生态保护修复，重点在漳江口、九龙江口等地实施红树林保护修复，加强海洋生物资源养护和生物多样性保护。

6. 北部湾滨海湿地生态系统保护和修复

加强重点海湾环境综合治理，推动北仑河口、山口、雷州半岛西部等地区红树林生态系统保护和修复，开展徐闻、涠洲岛珊瑚礁，以及北海、防城港等地海草床保护和修复，建设海岸防护林，推进互花米草防治。

（四）国家重推"美丽海湾"与"生态保护补偿"建设

1. "美丽海湾"建设目标与示范

我国现有面积大于 $10km^2$ 的海湾 150 多个，海湾岸线长度约占大陆岸线总长度的 57%，不同大小的海湾有 1467 个。海湾是近岸海域半封闭的水体，既是各类海洋生物繁衍生息的重要生态空间，也是各类人为开发活动的主要承载体，保护与开发的矛盾最为集中。海洋生态环境保护"十四五"规划明确指出，在"水清滩净、岸绿湾美、鱼鸥翔集、人海和谐"的美丽海湾和美丽海洋建设中取得历史性新进展与阶段性新成效。

"水清滩净"的目标指标设置主要聚焦污染问题最为集中和突出的近岸海域水环境与岸滩环境，在巩固深化已有治污成效、确保近岸海域水质持续改善的基础上，不断提升主要河口海湾水体环境综合质量，不断扩大洁净海滩范围，推动实现碧海蓝湾、银滩净岸。

"岸绿湾美、鱼鸥翔集"的目标指标设置主要以海湾河口、岸线湿地等生态受损严重的典型区域为重点，加快推进典型海洋生态系统、重要海洋生物栖息地等的自然恢复和整治修复，不断扩大海洋生态空间范围，改善典型海洋生态系统健康状况，提升优质生态产品供给能力，打造岸绿湾美、鱼鸥翔集的滨海生命共同体。

"人海和谐"的目标指标设置主要针对社会公众"临海不亲海、亲海质量低"等突出问题，重点要着力提升海洋生态环境风险防范和应急响应能力，不断拓展公众亲海岸线和生态空间，持续改善海水浴场和滨海旅游度假区等的生态环境品质，打造沿海地区陆海贯通的生态安全屏障。

为进一步聚焦区域性突出海洋生态环境问题，在海洋生态环境保护"十四五"规划编制中首次提出"国家-海区-湾区-地市"梯次推进的规划理念，以沿海重要的河口海湾为核心，对自然生态联系紧密的毗邻岸线、滩涂湿地、海域海岛等实施陆海统筹、区域联动的生态环境治理。

（1）加强陆海污染联防联控，持续改善海洋环境质量。以近岸污染严重的河口海湾和岸滩等为重点，根据区域不同污染特征和主要污染来源，分区分类实施陆海污染源头治理工程，提高污水和污染物处置能力、滨海湿地污染自净能力等，减少氮磷主要污染物、塑料垃圾和其他特征污染物的入海量。

（2）保护恢复自然生态空间，保住海洋生物休养生息的底线。以海湾（河口）为基本单元，推动实施"美丽海湾"百湾治理重大工程。分类梯次推进不同海湾（河口）的自然岸线和滩涂湿地保护恢复、海洋生物多样性抢救性保护、陆海贯通的生态安全屏障建设等生态环境综合治理重点任务，探索推进沿海地区以"美丽海湾"为载体的"两山"实践创新基地建设。特别是粤港澳、长三角等沿海重大战略区域，要在保护海洋生态系统健康、恢复海洋生物多样性、提升海洋生态环境品质等方面对标国际的先进水平，发挥好生态文明建设的示范和引领作用（专栏 2.6）。

专栏2.6 "美丽海湾"优秀案例

1. 美丽大鹏湾——海洋生态文明建设的窗口

大鹏湾位于深圳东部、深圳大鹏半岛与香港九龙半岛之间，是深圳建设全球海洋中心城市集中承载区域，在粤港澳大湾区和中国特色社会主义先行示范区"双区驱动"建设中具有重要示范引领效应。大鹏湾深圳部分海域面积 174km^2，岸线长度 69km，自然岸线保有率超 60%。作为深圳的生态基石，大鹏湾区域先后被授予"国家生态文明建设示范区""国家级海洋生态文明建设示范区""国家级海洋牧场示范区""国家全域旅游示范区""中国天然氧吧"等国家级荣誉。

经过多年努力，大鹏湾"美丽海湾"建设取得显著成效。

一是水清滩净。大鹏湾近岸海域监测点常年达到国家一类、二类水质标准，沙滩海滨浴场水质优良；湾区内 28 条入海河流、5 个入海排污口和 84 个雨水排放口水质全部达标；滨海湿地公园、生态廊道、滨海碧道等构成靓丽的生态公共空间，生态系统服务功能持续增强。

二是鱼鸥翔集。大鹏湾分布有蜂巢珊瑚、角蜂巢珊瑚、陀螺珊瑚、滨珊瑚等珊瑚超过 60 种，鱼类、甲壳类、头足类、贝类等游泳生物超过 190 种，藻类等浮游植物超过 130 种，鸟类分布广泛，是重要的近海多样性生物资源分布区。

三是人海和谐。建成世界第一长"海滨玉带"盐田区海滨栈道，融合绿道系统打造生态和谐的公众游憩空间；粤港澳大湾区龙舟邀请赛逐渐形成品牌效应；大梅沙国际水上运动中心、金沙湾国际乐园等亲海运动产业快速发展。大鹏湾已成为深圳市民生态休闲的首选场所、最爱之地。

2. "湿地息壤，飞鸟天堂"盐城市-东台条子泥岸段

东台条子泥位于江苏省中部，因港汊形似条状而得名。作为世界上面积最大的辐射沙脊群，2019 年成为全国首个滨海湿地类世界自然遗产，也是东亚 - 澳大利西亚候鸟迁徙路线上的重要"驿站"。

1) 坚持湿地保护，彰显"自然美"

一是建设湿地公园。2019 年，盐城市政府设立条子泥湿地公园，总面积 12 746hm^2，其中保育区 4964hm^2、恢复重建区 2780hm^2。二是加强立法保护。2019 年 6 月，盐城市人民代表大会常务委员会审议通过《盐城市黄海湿地保护条例》，进一步加强黄海湿地的保护。三是保护"潮汐森林"。条子泥是紧靠陆地的沙洲，面积宽广、坡度平缓，受东海前进潮波和黄海旋转潮波的叠加影响，潮差大、潮流强，潮水中含沙量大，淤蚀变化快速，大大小小的潮沟犹如形态万千多变的"潮汐森林"。为有效保护这种特殊的自然景观，明确海域使用不得触碰条子泥湿地公园和湿地保护小区等红线。

2) 注重物种保护，突出"生态美"

一是停栖鸟类种类繁多。近年来，通过退渔还湿、整治互花米草、完善保护机制等措施，条子泥浅滩维持了植物、软体动物与鱼类等生物多样性，吸引了 420 多种成千上万只鸟类在此驻足、停歇、繁衍。二是珍稀鸟类数量增加。对条子泥观潮区内侧 720 亩（1 亩≈666.7m^2）鱼塘进行高潮位栖息地打造，为水鸟提供安全的休憩空间，吸引了各类鸻

鹬及其他水鸟。调查显示，小青脚鹬种群数量为400~600只。三是"红地毯"叹为观止。条子泥北部海堤西侧，有总面积约3700亩的碱蓬，该区域杜绝一切开发利用行为。

3) 强化管理提质，增添"人文美"

一是建立管护队伍。成立条子泥湿地服务中心，组建管理队伍，实现网格化管理。安装14处监控设施，与公安部门联网，实现人防＋技防的防控网络。二是增殖放流做加法。2016~2020年，投入3243万元，在条子泥海域增殖放流的大黄鱼、半滑舌鳎、黑鲷分别占全省放流总量的17%、10%、9%。针对滩涂特色放流地方品种文蛤种贝累计约350万粒。三是整治问题做减法。投入6000多万元实施蹲门湾1.7万亩养殖区退渔还湿，为鸟类栖息繁衍提供更广阔的空间。整治梁垛河闸下游500亩互花米草、修复湿地，对条子泥东侧堤外滩面互花米草进行人工割除干预，整治面积1.2万亩。

4) 突出文化交流，实现"品牌美"

一是建设科研基地。与复旦大学、北京林业大学等单位合作共建东台复旦湿地保护联合创新中心，开展湿地保护、鸟类迁飞区生物多样性调查研究等工作。二是传承革命精神。条子泥所在的琼港不仅是著名的渔港，更是红色港湾。新时期将条子泥的生态保护工作与传承红色文化、红帆精神融为一体。三是活动缤纷呈。通过举办"渔民号子""观鸟周"及"湿地息壤，飞鸟天堂"主题诗文征集、条子泥湿地鸟类保护宣传月、《黄海湿地保护条例》宣传月等活动，进一步提升了"东台黄海湿地，世界鸟类天堂"的品牌效应，为人们提供了更好的亲水、亲海、亲近自然的空间，2019年、2020年分别有66.3万、99.7万人次游客。

（3）强化海洋环境风险防控与应急响应，提高公共服务水平。按照"事前防范、事中管控、事后处置"全程监管的要求，以临港工业区、沿海化工园区和海上油气勘探开发区等为重点，全面排查整治海洋环境突发事故风险源，构建分区分类的海洋环境风险预警防控网络体系，建立健全部门协同、多方参与的海洋环境应急响应机制，深化应急能力建设、应急预案编制和应急演练。

2. 沿海湿地保护补偿纳入国家与地方生态补偿制度建设总体考虑

2021年9月中共中央办公厅、国务院办公厅印发《关于深化生态保护补偿制度改革的意见》(以下简称《意见》),进一步厘清了生态保护补偿的政府和市场权责边界,明确了政府主导有力、社会参与有序、市场调节有效的生态保护补偿体制机制;明确了发挥市场机制作用,加快推进多元化补偿,市场化多元化生态保护补偿路径更加清晰;完善了生态保护补偿分类体系和转移支付测算办法,兼顾了生态系统的整体性、系统性及其内在规律和不同生态环境要素保护成本;强化了生态保护补偿的治理效能,界定了各方权利义务,实现了受益与补偿相对应、享受补偿权利和履行保护义务相匹配;提出了"研究建立近海生态保护补偿制度"的新要求。

2020年12月,山东省财政厅、山东省生态环境厅、山东省自然资源厅、山东省海洋局印发《山东省海洋环境质量生态补偿办法》,明确规定按照"保护者受益、损害者赔偿"原则,根据沿海各市(指设区市,不含青岛)海洋生态环境质量和同比变化情况,由省级向各市补偿或者由各市向省级赔偿的资金,具体包括海域水质补偿(赔偿)资金、入海污染物赔偿资金和海岸带生态系统保护补偿资金;2021年1月《海南省生态保护补偿条例》正式实施,明确了海洋生态保护补偿范围主要包括海湾、河流入海口、海岛、滩涂、红树林、海草床、珊瑚礁等重点海洋生态系统。鼓励市、县、自治县人民政府根据海洋生态保护需要实施退养还滩、退围还海、退塘还海等措施,对权利人退出开发利用活动所产生的损失,按照有关规定予以补偿。

(五)国家启动自然保护区范围及功能分区优化调整工作

2019年11月,中共中央办公厅,国务院办公厅印发《关于在国土空间规划中统筹划定落实三条控制线的指导意见》,明确要对自然保护地进行调整优化,评估调整后的自然保护地应划入生态保护红线。2020年1月自然资源部、国家林业和草原局就自然保护区范围及功能分区调整前期有关事项做出安排,并启动自然区优化调整工作。按照调整要求,自然保护区功能分区由核心区、缓冲区、实验区转为核心保护区和一般控制区。自然保护区核心保护区内的已设矿业权逐步有序退出,一般控制区内的根据对生态功能造成的影响确定是否退出。

根据《关于建立以国家公园为主体的自然保护地体系的指导意见》规定,国家将建立自然保护地体系。现有自然保护区将归并纳入国家公园、自然保护地、自然公园管理体系。

(1)国家公园设立后,在相同区域不再保留原自然保护区等自然保护地,纳入国家公园管理;未划入的经科学评估后,可以保留、撤销,或合并为自然保护区,也可整合设立自然公园。

（2）国家级和省级自然保护区与风景名胜区、地质公园、森林公园、海洋公园、湿地公园、冰川公园、草原公园、沙漠公园、草原风景区、水产种质资源保护区、野生植物原生境保护区（点）、自然保护小区、野生动物重要栖息地等各类自然保护地交叉重叠时，原则上保留国家级和省级自然保护区，无明确保护对象、无重要保护价值的省级自然保护区经评估后可转为自然公园。

（3）市、县级自然保护区经评估论证后可晋升为省级自然保护区；确实无法实际落地、无明确保护对象、无重要保护价值的，可转为自然公园，或不再保留。

（4）自然保护区范围调整以省级行政区域为单元，统筹平衡增减面积，一般应保证省域范围自然保护地面积不减少。如有客观原因导致面积出现较大幅度变化时，应向国务院报告，经批准后方可调整。

自然保护区优化调整工作将自然保护区功能分区由核心区、缓冲区、实验区转为核心保护区和一般控制区。由于原自然保护区核心区、缓冲区管控要求基本接近，故一般情况下，将自然保护区原核心区和原缓冲区转为核心保护区，将原实验区转为一般控制区。自然保护区原实验区内无人为活动且具有重要保护价值的区域，特别是国家和省级重点保护野生动植物分布的关键区域、生态廊道的重要节点、重要自然遗迹等，也应转为核心保护区。自然保护区原核心区和原缓冲区有以下情况可调整为一般控制区：自然保护区设立之前就存在的合法水利水电等设施；历史文化名村、少数民族特色村寨和重要人文景观合法建筑，包括有历史文化价值的遗址遗迹、寺庙、名人故居、纪念馆等有纪念意义的场所。

（六）大江大河三角洲保护纳入流域综合治理制度体系

1.《中华人民共和国长江保护法》发布，长江河口（专栏2.7）纳入流域统一管理

2020年12月26日，第十三届全国人民代表大会常务委员会第二十四次会议通过《中华人民共和国长江保护法》（以下简称《长江保护法》），自2021年3月1日起施行，这是我国第一部流域法律，开创了我国制定流域法律的先河，为今后黄河等其他流域立法形成示范引领；它是一部保护长江全流域生态系统，推进长江经济带绿色发展、高质量发展的专门法和特别法；它贯彻新发展理念，明确保护与发展的关系，依法为自然生态恢复留出必要的空间和实践，促进长江生态系统步入良性循环轨道，发挥长江经济带在践行新发展理念、构建新发展格局、推动高质量发展中的重要作用。

专栏 2.7　《长江保护法》中关于"长江河口"的表述

长江口是中国"陆海统筹、河海联动"的战略支点，长江口既是长江的"汇"，也是东海、黄海的"源"，是长江生态健康状态的指示器和标尺。《长江保护法》中所界定的长江干流是指长江源头至长江河口，其关于"长江河口"的相关表述如下。

（1）国务院水行政主管部门有关流域管理机构应当将生态水量纳入年度水量调度计划，保证河湖基本生态用水需求，保障枯水期和鱼类产卵期生态流量、重要湖泊的水量和水位，保障长江河口咸淡水平衡。

（2）国家对长江流域重点水域实行严格捕捞管理。在长江流域水生生物保护区全面禁止生产性捕捞；在国家规定的期限内，长江干流和重要支流、大型通江湖泊、长江河口规定区域等重点水域全面禁止天然渔业资源的生产性捕捞。具体办法由国务院农业农村主管部门会同国务院有关部门制定。

（3）国务院水行政主管部门会同国务院有关部门和长江河口所在地人民政府按照陆海统筹、河海联动的要求，制定实施长江河口生态环境修复和其他保护措施方案，加强对水、沙、盐、潮滩、生物种群的综合监测，采取有效措施防止海水入侵和倒灌，维护长江河口良好生态功能。

《长江保护法》包括总则、规划与管控、资源保护、水污染防治、生态环境修复、绿色发展、保障与监督、法律责任和附则9章，共96条。其中，62个条文涉及从国务院及其职能部门到省县级人民政府职责，涉及具体水生生物18个，具体产业15个，重点湖泊5个。《长江保护法》最大的亮点就在于它的空间性，长江流域既是以水为纽带和基础的自然空间单元，也是人类生产生活的社会空间单元，《长江保护法》把长江流域视为一个有边界范围的空间，以解决长江流域空间不均衡为重点，确立了具有空间特点的国土空间开发管控的法律制度。

《长江保护法》的四大亮点如下。

（1）做好统筹协调、系统保护的顶层设计。法律规定国家建立长江流域协调机制，统一指导、统筹协调、整体推进长江保护工作；按照中央统筹、省负总责、市县抓落实的要求，建立长江保护工作机制，明确各级政府及其有关部门、各级河湖长的职责分工；建立区域协调协作机制，明确长江流域相关地方根据需要在地方性法规和政府规章制定、规划编制、监督执法等方面开展协调与协作。

（2）坚持把保护和修复长江流域生态环境放在压倒性位置。法律通过规定更高的保护标准、更严格的保护措施，加强"山水林田湖草"整体保护、系统修复。例如，强化水资源保护，加强饮用水水源保护和防洪减灾体系建设，完善水量分配和用水调度制度，保证河湖生态用水需求；落实党中央关于长江禁渔的决策部署，加强禁捕管理和执法工作等。

（3）突出共抓大保护、不搞大开发。法律准确把握生态环境保护和经济发展的辩证统一关系，共抓大保护、不搞大开发。设立"规划与管控"一章，充分发挥长江流域发展规划、国土空间规划、生态环境保护规划等规划的引领和约束作用，通过加强规划管控和负面清单管理，优化产业布局，调整产业结构，划定生态保护红线，倒逼产业转型升级，破除旧动能、培育新动能，实现长江流域科学、有序、绿色、高质量发展。

（4）坚持责任导向，加大处罚力度。法律强化考核评价与监督，实行长江流域生态环境保护责任制和考核评价制度，建立长江保护约谈制度，规定国务院定期向全国人民代表大会常务委员会报告长江保护工作；坚持问题导向，针对长江禁渔、岸线保护、非法采砂等重点问题，在现有相关法律的基础上补充和细化有关规定，并大幅提高罚款额度，增加处罚方式。

2.《黄河流域生态保护和高质量发展规划纲要》发布，黄河三角洲生态保护上升为国家战略

2021年10月8日，中共中央、国务院印发《黄河流域生态保护和高质量发展规划纲要》（以下简称《规划纲要》）。《规划纲要》是指导当前和今后一个时期黄河流域生态保护和高质量发展的纲领性文件，是制定实施相关规划方案、政策措施和建设相关工程项目的重要依据。黄河三角洲是我国暖温带最完整的湿地生态系统，《规划纲要》中有17处直接或间接体现了黄河三角洲湿地保护。

《规划纲要》中指出要加大黄河三角洲湿地生态系统保护修复力度，促进黄河下游河道生态功能提升和入海口生态环境改善，开展滩区生态环境综合整治，促进生态保护与人口经济协调发展。研究编制黄河三角洲湿地保护修复规划，谋划建设黄河口国家公园。保障河口湿地生态流量，创造条件稳步推进退塘还河、退耕还湿、退田还滩，实施清水沟、刁口河流路生态补水等工程，连通河口水系，扩大自然湿地面积。加强沿海防潮体系建设，防止土壤盐渍化和咸潮入侵，恢复黄河三角洲岸线自然延伸趋势。加强盐沼、滩涂和河口浅海湿地生物物种资源保护，探索利用非常规水源补给鸟类栖息地，支持黄河三角洲湿地与重要鸟类栖息地、湿地联合申遗。减少油田开采、围垦养殖、港口航运等经济活动对湿地生态系统的影响（专栏2.8）。

专栏 2.8 黄河三角洲生态保护现状及存在问题

1. 生态保护现状

近年来，黄河三角洲生态保护修复取得积极成效。黄河三角洲已累计恢复湿地 188km²，退耕还湿、退养还滩 7.25 万亩。《中国海洋环境质量公报》显示，黄河口生态系统于 2006 年由不健康恢复至亚健康并保持至今；东营市利津水文站监测结果显示，黄河三角洲地表水水质于 2016 年由Ⅲ类改善为Ⅱ类并维持至今。

一是构建生态空间保护格局，完善生态保护制度。黄河三角洲陆域生态保护红线面积约 1332km²。设立有山东黄河三角洲、滨州贝壳堤岛与湿地 2 处国家级自然保护区，以及 3 处省级自然保护区和 5 处国家级海洋特别保护区。

二是实施多项生态修复措施，改善湿地生态系统。2010 年以来，实施刁口河流路生态调水工程，年均调水 2000 万 ~3000 万 m³，黄河故道断流 34 年后重新实现全线恢复过水。通过实施修筑围坝、引蓄黄河水、增加湿地淡水存量等多项生态修复措施和工程，有力促进了河口湿地生态系统的健康发展和良性循环。

三是加强生物多样性保护，鸟类数量有所增加。黄河三角洲湿地被列入《国际重要湿地名录》，是全球鸟类迁徙的重要中转站、越冬地和繁殖地。通过加强生物多样性保护，2000~2018 年，鸟类种群数量由 283 种增至 368 种，丹顶鹤等国家一级保护鸟类由 9 种增至 12 种，大天鹅等国家二级重点保护鸟类由 41 种增至 51 种。

2. 存在的主要问题

一是黄河来水来沙减少，影响三角洲生态安全。近年来，黄河水沙量呈减少趋势。黄河花园口断面实测数据显示，20 世纪 50 年代、70 年代和 90 年代，年均径流量分别为 486 亿 m³、382 亿 m³ 和 257 亿 m³，2010 年以来为 287 亿 m³；年均输沙量分别为 15.61 亿 t、12.36 亿 t 和 6.83 亿 t，2010 年以来为 0.62 亿 t。水沙量的减少使得黄河三角洲整体由淤积向侵蚀方向发展，引发河口新生湿地蚀退、土壤盐碱化加速等问题。

二是人类活动干扰增加，生态空间总体减少。遥感影像分析显示，1990~2018 年，黄河三角洲林草地面积从 216 703hm² 减至 147 892hm²，滩涂和沼泽面积从 203 013hm² 减至 120 993hm²；自然岸线从 254.68km 减至 229.42km。石油开发对自然保护区影响较大，形成历史遗留问题较多，2017年第一轮中央生态环保督察时发现，山东黄河三角洲国家级自然保护区共有油井等油田生产设施2481处。

三是区域地表水水系不贯通，湿地生态需水缺口较大。黄河三角洲部分区域河道连通性不足，加之上游来水减少，生产生活用水量加大，湿地水资源相对不足。山东省调查结果表明，山东黄河三角洲国家级自然保护区现有35万亩芦苇湿地，最适宜生态补水量约为3.5亿 m³/年，但目前补水量不足1亿 m³/年，且仅能在黄河调水调沙期间进行生态补水，严重威胁湿地生态系统。

（七）红树林保护及恢复战略研究项目成果发布

2018年11月，保尔森基金会、红树林基金会和老牛基金会等共同启动"中国红树林保护及恢复战略研究项目"。项目针对中国红树林保护和恢复的现状，结合海岸带修复、"蓝色海湾""南红北柳"等生态修复保护工程的现状和需求，分析中国红树林管理、保护、修复中存在的问题和不足，与相关政府部门及国内外权威的红树林研究和管理机构及专家等合作，对中国的红树林保护与恢复战略进行详细研究，提出具体保护恢复方案，共同推进研究成果形成政策建议，推动中国红树林保护国家战略的形成和实施，以进一步促进中国红树林生态系统的保护。项目形成多项结论与建议，在2020年6月8日世界海洋日之际发布，为我国红树林生态系统保护提供科学认识和决策参考。

1. 主要结论

（1）通过严格保护天然林和大规模的人工造林，2000年以来，我国成功遏制了红树林面积急剧下降的势头，红树林面积稳步增加。

（2）中国红树林生态系统结构和功能总体稳定，但局部地区红树林退化明显。表现在4个方面：群落结构发生根本性变化；成片死亡时有发生；病虫害有加重趋势；珍稀濒危红树野外生存现状不容乐观。红树林退化的主要原因为生物入侵、养殖污染、海堤建设。

（3）中国红树林科学研究成果数量居世界前列，但研究成果转化成生产力和实践的能力不强。保护地专业人才短缺问题突出，管理水平亟待提高，急需建立基于生态系统管理的科学管理与监测体系。

（4）滩涂造林是目前中国红树林修复的主要方式，为中国红树林面积在过去20年的显著增加起到了重要作用，但有些关键问题仍需加快解决。

（5）中国现有红树林恢复造林标准、恢复成效评估体系及经费投放机制等更有利于红树林人工造林，应采取切实有效措施，增加红树林生态系统自然恢复的空间。

（6）退塘还林应成为中国红树林修复的主战场，但目前相关基础理论、技术、标准和案例均不足。

（7）中国红树林利用形式较为单一，一些能够发挥红树林生态系统重要服务功能和生态价值的可持续利用方式仍有待开发。

2. 主要建议

（1）转变保护理念，加强对红树林自然保护地的管理。

（2）构建基于生态系统修复的红树林生态修复目标、模式和标准体系。

（3）调整红树林湿地管理方式，区别对待严格保护区域和可利用区域，引导对红树林湿地资源的多元化、可持续利用。

3. 中国红树林湿地修复

自 2000 年以来，中国政府高度重视红树林的保护和恢复，采取多种措施保护和修复红树林，先后实施了《全国沿海防护林体系建设工程规划（2016—2025 年）》和"南红北柳"、海洋生态文明建设战略等。2000~2019 年，中国红树林面积增加了约 7000hm^2，除小面积的自然扩张、废弃鱼塘自然恢复、退塘还林外，90% 以上为重建修复——滩涂造林。经过多年的恢复工作，中国南方剩余的适合直接造林的滩涂面积十分有限，据专家估计，全国符合海洋功能区划且适合直接造林的宜林滩涂总面积不超过 6000hm^2。中国现有的部分红树林生态恢复工程将植被修复作为主要甚至是唯一目标，对生态系统结构和功能的整体修复关注不足。在修复地点选择、修复面积、修复措施和树种选择等方面，存在科学依据和科学评估不足的问题，个别地点存在过度修复的现象。围塘养殖是红树林破坏的最主要原因，在滩涂造林日益困难的大背景下，退塘还林应该成为中国红树林生态修复的主战场（专栏 2.9）。

专栏 2.9　广西红树林资源保护工作成效显著

广西是我国红树林的重要分布区，有独特的岛群红树林，合浦县山口镇英罗港分布有全国连片面积最大的天然红海榄林，北海市金海湾分布有我国面积最大的城市红树林和沙

生红树林。近年来，广西依法依规加强对红树林的保护和管理，实施红树林湿地保护与恢复工程，制定实施红树林资源保护规划。根据2019年4月自然资源部、国家林业和草原局联合组织的红树林资源和适宜恢复地专项调查结果，广西红树林总面积为9330.34hm²，占全国的32.7%，仅次于广东（1.22万hm²），位居全国第二。

近年来，广西先后颁布了《广西壮族自治区湿地保护条例》《广西壮族自治区红树林资源保护条例》《广西壮族自治区山口红树林生态自然保护区和北仑河口国家级自然保护区管理办法》，实现了红树林的保护和管理有法可依，使红树林保护和管理逐步走向规范化与法制化。同时，广西实施红树林湿地保护与恢复工程。2011年以来，共营造红树林607.8hm²。据不完全统计，截至2021年9月，北海、钦州、防城港三市利用中央财政海洋生态保护修复资金，累计修复红树林38.45hm²，有效支撑了红树林保护修复规划任务。

广西的红树林保护修复成效明显，通过营造红树林，扩大了红树林面积，实现了红树林面积逐年增加，红树林湿地生物多样性得到一定程度的恢复。广西红树林研究中心在全球首次实现不砍不围红树林进行生态养殖的目标，提出并初步建设的"虾塘红树林生态农场"入选履行《生物多样性公约》中国四大成功案例。北海冯家江生态修复工程在2021年6月被纳入中国特色生态修复十大典型案例，自然资源部将之作为"基于自然的解决方案（Nature based Solutions，NbS）"的海洋生态修复中国案例向世界自然保护联盟（International Union for Conservation of Nature，IUCN）推荐。

（八）全面治理互花米草入侵、恢复受损沿海湿地已达成普遍共识

互花米草是我国首批公布的9种最危险的入侵植物之一，严重威胁着我国滨海湿地生态安全。当前，从国家部委到地方各级管理部门，对全面治理互花米草入侵、恢复受损的湿地生态系统健康已达成普遍共识。上海自2006年起在崇明东滩开展了互花米草生态治理的研究，经过不断探索，创造性提出"围、割、淹、晒、种、调"综合治理方案，并通过栖息地修复项目的实施，在互花米草控制、鸟类栖息地优化，以及土著植物恢复等核心目标实现方面取得了显著的效果。为进一步总结互花米草治理的经验，提升互花米草治理标准化水平，复旦大学和上海崇明东滩鸟类国家级自然保护区联合编制的《互花米草生态控制技术规范》（DB31/T 1243—2020）于2020年9月1日正式发布，11月1日起正式实施，在崇明东滩互花米草生态控制和

鸟类栖息地优化工程中得到成功应用，并在河北唐山、山东烟台、江苏盐城等地区的互花米草治理中进行了示范推广，取得了良好的实证效果。

20 世纪 80 年代，互花米草作为固岸护坡植物被引种到山东沿海，但近几年来，互花米草呈爆发式扩张，成为制约山东滨海湿地生态系统保护和可持续发展的生态灾难之一。2016 年以来，中国科学院海洋大科学研究中心联合东营市政府，依托中国科学院黄河三角洲滨海湿地生态试验站，开展互花米草入侵机制与治理技术科研攻关及工程，治理成效显著。通过多年的科研攻关，科研团队摸清了黄河三角洲滨海湿地互花米草的分布现状与入侵机制，提出滩涂高程是互花米草向陆扩张的主要限制因子。在弄清分布现状与入侵机制的基础上，探索建立了不同潮滩位的互花米草治理关键技术体系，包括贴地刈割、"刈割 + 翻耕""刈割 + 梯田式围淹"等方法。在黄河三角洲滨海湿地建立的 100 亩互花米草治理示范区，是我国北方面积最大的互花米草治理示范区，推广治理面积 2000 亩。连续 4 年的跟踪监测表明，示范区内没有再出现互花米草；同时由于示范区内营造了浅水生境，本土海草得以自然恢复。

（九）社会资本参与下的沿海湿地多元化保护与修复格局逐渐形成

我国沿海生态系统受损退化问题突出、历史欠账较多，生态保护修复任务量大面广，急需形成社会力量广泛参与的多元化生态保护治理格局。为进一步促进社会资本参与生态建设，2021 年 11 月 10 日发布《国务院办公厅关于鼓励和支持社会资本参与生态保护修复的意见》，鼓励和支持社会资本参与生态保护修复项目投资、设计、修复、管护等全过程，明确社会资本通过自主投资、与政府合作、公益参与等模式参与生态保护修复，并明晰了参与程序，鼓励社会资本重点参与自然生态系统保护修复、农田生态系统保护修复、城镇生态系统保护修复、矿山生态保护修复、海洋生态保护修复，并探索发展生态产业。在海洋生态保护领域要针对海洋生境退化、外来物种入侵等问题，实施退围还滩还海、岸线岸滩整治修复、入海口海湾综合治理、海岸带重要生态廊道维护、水生生物资源增殖、栖息地保护等。

2020 年 11 月 27 日，同心俱乐部、红树林基金会（MCF）联合通过公益晚宴的形式筹款 904 万元，全部用于湿地保护和环境教育工作，倡导并推动各界人士参与深圳乃至全国的滨海湿地保护工作，形成社会化参与的滨海湿地保护模式。2021 年 4 月，威海市发布全国首个蓝碳经济发展行动方案《威海市蓝碳经济发展行动方案（2021—2025 年）》，提出开展蓝碳市场交易试点，实施蓝碳示范企业培育行动，推进碳汇资产上市交易。2021 年 10 月，自然资源部国土空间生态修复司发布的《中国生态修复典型案例集》中，洞头发挥温州民营经济优势，按照

"谁修复、谁受益"的原则，吸引 10 多家民企参与，实现了从政府"孤军奋战"到引入社会资本"共同参与"的深刻转变；广东湛江红树林国家级自然保护区管理局、自然资源部第三海洋研究所和北京市企业家环保基金会，签署"湛江红树林造林项目"首笔 5880t 的碳减排量转让协议，为红树林等蓝碳生态系统的生态产品价值实现途径提供了示范，在鼓励社会资本投入红树林生态保护修复、助推实现碳中和方面具有重要意义。

（十）民间组织持续推动沿海湿地保护，沿海生态系统调查监测保护体系更加健全，打造海洋生物保护中国案例

1. "爱观鸟"平台与"中国沿海132块水鸟重要栖息地名录"发布，助力湿地与水鸟保护

2021 年世界湿地日，中国科学院地理科学与资源研究所、保尔森基金会、内蒙古老牛基金会联合在线发布中国沿海 132 块水鸟重要栖息地，这是"中国沿海水鸟与栖息地数据库"（"爱观鸟"平台）项目的核心成果。该项目是中国滨海湿地保护管理战略研究项目（简称"蓝图"项目）的后续项目，其核心成果包括 196 种水鸟的 264 666 条观鸟记录和 30 000 多张照片，基于 5 个功能板块的水鸟与栖息地 APP 手机客户端，涵盖 7 个功能页面的中国沿海水鸟及其栖息地数据集与信息平台，具有鸟类识别功能的水鸟识别小程序（图 2.3），基于 GPS 数据制作

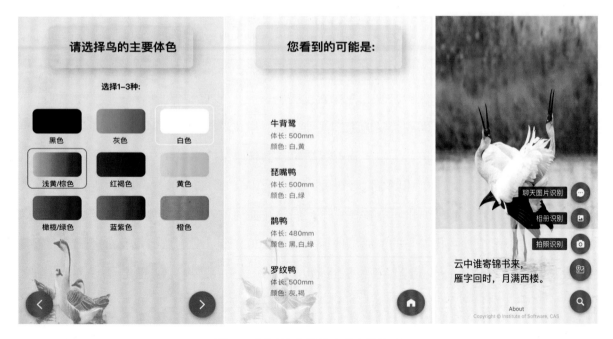

图 2.3 "爱观鸟"微信小程序及界面

了 8 种东亚 - 澳大利西亚候鸟迁徙路线可视化视频，确定了 132 块水鸟重要栖息地，跟踪评估了 61 个水鸟栖息地重要性值的变化。

中国沿海 132 块水鸟重要栖息地涉及 11 个省（自治区、直辖市），其中辽宁省 12 块、河北省 13 块、天津市 4 块、山东省 14 块、江苏省 8 块、上海市 7 块、浙江省 15 块、福建省 18 块、广东省 23 块，广西壮族自治区 12 块、海南省 6 块（图 2.4），总面积达 2 691 768.5hm²。每块栖息地的信息包括：位置、湿地对水鸟的重要性程度、当前面临的威胁及保护现状。中国沿海 132 块水鸟重要栖息地的确定采用了科学严谨的评估方法，整合了来自水鸟调查报告、观鸟网站等多个途径的公民科学水鸟调查数据；沿海 11 个省（自治区、直辖市）的 19 个高等院校、科研院所和环保组织（包括朱雀会、各省观鸟会）的专家参与了水鸟重要栖息地的评估。

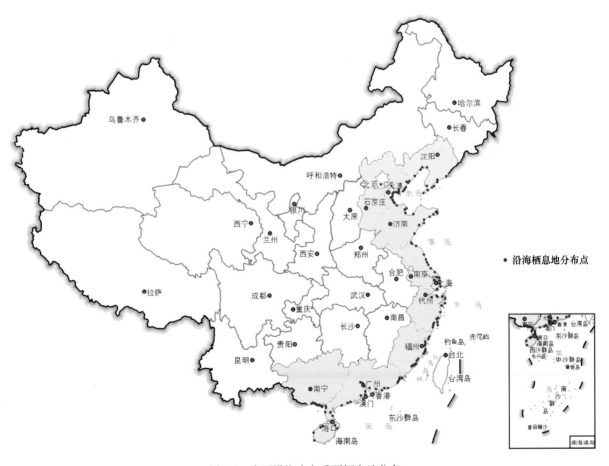

图 2.4　中国沿海水鸟重要栖息地分布

2. 中国珊瑚保护联盟成立

中国历来重视珊瑚等水生野生动物保护工作，据《中华人民共和国野生动物保护法》，将

《濒危野生动植物种国际贸易公约》（CIETS）中规定的角珊瑚、石珊瑚、柳珊瑚和苍珊瑚按照二级保护动物进行保护，养育、经营和利用都必须经过特别批准。中国珊瑚保护联盟于2020年12月9日在海南陵水成立，标志着构建地球上生物多样性最丰富也是最脆弱的生态系统的框架性生物，被誉为"海底热带雨林"的珊瑚，有了全国性保护联盟。这是中国继长江江豚、中华鲟、中华白海豚、斑海豹、海龟之后，第6个水生野生动物的全国性保护联盟。

造礁石珊瑚是具有共生虫黄藻的珊瑚，在我国被核准为二级保护动物。造礁石珊瑚对环境有严格要求，主要分布在南北纬30°范围内，在我国从福建、广东、广西直到海南岛、台湾岛和南海诸岛都有分布。据中国科学院南海海洋研究所发布的《中国造礁石珊瑚状况报告》，中国一共有造礁石珊瑚物种2个类群16科77属431种，其中南沙群岛的造礁石珊瑚物种多样性最高。但近年来，在人类活动和气候变化的双重影响下，不同地区的造礁石珊瑚覆盖率出现下降，多地区的造礁石珊瑚群落结构发生退化。人类活动被认为是中国南海造礁石珊瑚退化的主要因素。

农业农村部渔业渔政管理局发布了《中国珊瑚保护行动计划纲要》。纲要指出，我国珊瑚面临着严重的退化问题，需要我们采取有效措施予以应对。按照党的十八大以来国家推进生态文明建设的战略部署，全面贯彻落实《中华人民共和国野生动物保护法》《中国水生生物资源养护行动纲要》等法律法规和规划的要求，特制定《中国珊瑚保护行动计划纲要》。力争实现到2025年，重点区域珊瑚群落衰退趋势基本得到有效遏制，新建或升级3个以上与珊瑚相关的保护区，80%的珊瑚重要分布区域得到有效保护这一近期目标；到2030年，我国珊瑚得到切实保护，90%以上的珊瑚重要分布区域得到有效保护，活造礁石珊瑚覆盖率和珊瑚群落健康状况小幅回升，在国际珊瑚礁保护决策中的影响力进一步提升这一中远期目标。

3. 2020勺嘴鹬保护联盟打造勺嘴鹬保护中国案例

勺嘴鹬是东亚 - 澳大利西亚迁飞区滨海湿地的旗舰物种，在全球生物多样性保护中具有重要意义。2019年4月，34家单位共同发起成立亚洲第一个勺嘴鹬保护联盟，并在条子泥落地秘书处。联盟成立以来，在政府部门的指导和支持下，充分发挥科研院校、公益基金会等多方优势，以条子泥湿地和东亚 - 澳大利西亚迁飞区为重点工作区域，积极为迁飞区所在各国的湿地主管部门、湿地自然保护区、湿地公园、观鸟会和当地政府及民间保护组织等，搭建信息沟通、经验交流、项目合作、机构能力建设的平台。

2020年11月21日，"2020勺嘴鹬保护联盟成员大会"在盐城东台条子泥召开，来自科研院校、社会组织及勺嘴鹬保护联盟成员代表 80 余人（含线上）出席大会，共商自然遗产地和濒危鸟类保护大计。保护联盟通过监测、科研、宣教与示范项目等多种合作方式，为共同促进条子泥湿地的保护与有效管理、提高公众保护湿地意识、提升湿地生物多样性与人类福祉做出了积极贡献。保护联盟积极协助东台沿海经济区管委会推进条子泥观潮区 720 亩鱼塘改造高潮位栖息地相关工作，以及对入侵物种近 500 亩互花米草等进行人工干预和控制，为鸟类栖息繁衍提供了更广阔的空间。目前东台沿海已有滨海、东沙、高泥和条子泥 4 个湿地保护小区，加上珍禽保护区等受保护湿地，总面积达 15.91 万 hm^2，东台市的自然湿地保护率达 69.1%。

北京林业大学东亚-澳大利西亚候鸟迁徙研究中心（CEAAF）与红树林基金会（MCF）组成联合调查队于 2020 年 8~11 月开展针对江苏南部沿海地区水鸟种群的持续监测工作。对条子泥等 5 个调查区域的水鸟数量及种类进行了定期监测，累计记录到 111 种、950 552 只次水鸟。其中，条子泥湿地记录到极危物种勺嘴鹬最高值为 80 只，占迁飞路线的 26.67%；条子泥湿地 720 亩高潮停歇地记录到濒危物种小青脚鹬 1150 只，达到国际社会公认的、对该种群原估计量的 2.3 倍（专栏 2.10）。

专栏 2.10　勺嘴鹬保护联盟的国际影响

中国近年来对勺嘴鹬和滨海的保护工作取得了非常大的成就，尤其是勺嘴鹬保护联盟的成立，将中国的相关各级政府、研究机构、保护团体及个体团结在一起，共同实施有效的保护措施。其同时强调了条子泥湿地的研究工作的重要性：在地方政府与北京林业大学、中国勺嘴鹬保护联盟、红树林基金会、东亚-澳大利西亚迁飞区合作伙伴协定科学部的共同努力下，2020 年夏末，在新冠疫情的限制下，将条子泥的管理有序地进行，取得了巨大的成功！

——叶夫根尼·瑟罗耶奇科夫斯基（Evgeny Syroyechkovskiy）

东亚-澳大利西亚迁飞区合作伙伴协定勺嘴鹬特别行动小组

中国以其生态文明和国际主义的方式，成为最了解迁飞区保护的国家之一，同时仿佛本能地知道该如何去实践。对于很多人和比较封闭的国家来说，那是一个比较难以接受的概念——保护迁飞区不仅对保护迁徙物种至关重要，而且能更广泛地通过国际合作来实现生物多样性的保护。特别是条子泥为了勺嘴鹬和其他涉禽建立的栖息地所做的一系列令人惊叹的工作，比如水鸟监测、高潮栖息地改造及控制互花米草等措施，这表明，江苏沿海地区正在快速获取这些保护相关的专业知识。目前，中国加强了对海岸开发的有效管理，以及对沿海湿地的科学恢复。同时在不伤害鸟儿的前提下，努力探索可持续能源基础设施的发展建设，因此迅速成为全球湿地保护的引领者之一。

——尼古拉·克罗克福德（Nicola Crockford）

英国皇家鸟类保护协会

4.《黄海生态区海洋保护地倡议书》发布

黄海生态区是世界自然基金会（World Wide Fund For Nature，WWF）筛选的全球最需优先保护的43个海洋生态区之一，也是唯一涉及中国海域的生态区。2021年6月4日黄海生态区海洋保护地倡议发布会于线上开展。会上首次发布了《黄海生态区海洋保护地倡议书》，旨在针对中国黄海生态区的保护优先区域，制订未来的海洋保护地发展倡议，并联合专家、NGO等以实际行动响应倡议，共同推动中国黄海生态区的系统保护和可持续发展。

倡议一：加速识别重要生态热点区域，为新建海洋保护地实现应保尽保提供决策依据。

优先行动：加强对黄海生态区重要保护物种的调查研究，识别其关键栖息/繁殖区域，完善对重要保护物种的海洋保护地建设；识别重要保护物种的洄游通道和生态廊道等重要生态功能区，以及重要经济物种的繁殖场、索饵场和越冬区域，为建立季节性保护地提供依据；开展陆海统筹框架下的专题研究，识别陆海连通廊道和相互作用，研究陆海生态连通性保护和恢复的有效措施；研究海洋保护地之外的其他有效保护方法和措施，例如，对越冬场的监控和管理、控制塑料等污染物向海排放、海岸带生态修复、洄游通道的季节性保护等。

倡议二：优化现有保护地层级和网络，加大对高保护价值和受重大威胁区域的有效保护。

优先行动：对高保护价值区域优先创建海洋类型国家公园，例如，渤海海峡-长山群岛关键生态廊道区域，辽河口、黄河口与长江口等重要入海河口区域，以保护黄海生态区的整体性；针对已有科学研究基础的重要保护物种（如斑海豹、鸟类等）和生境（如河口、海草床、滩涂等），推动科学扩大保护范围或选划新建海洋保护地；推动建立重要保护物种和重要经济物种的保护地网络，整体保护迁徙路径、产卵场和栖息地，提高保护地体系的生态连通性；推动相似类型海洋保护地网络的建设，促进保护地间的行动合作、信息共享与经验分享，探索实行联合保护措施共同应对重大威胁。

倡议三：加强能力建设和创新，推动海洋保护地规范化管理。

优先行动：加强海洋保护地的科学研究和人员培养，为管理提供科技支撑；研究制定海洋保护地管理规范及技术指南，促进黄海生态区保护地的规范化建设和运行管理；在原有保护地选建程序基础上，探索社会提名或相关领域专家推荐等其他创新性选建途径；创新探索海洋保护地管理新机制，成立多部门合作委员会，开展海洋保护地适应性管理试点。

倡议四：加强海洋保护地的国际合作交流，增加保护成效。

优先行动：推进黄海生态区的跨境联合保护行动，在黄海冷水团、重要保护物种和重要经济物种的产卵场／繁殖地、洄游／迁徙通道、停歇地、越冬地等共同关注区域，探索制定与实施协同保护措施和行动；推动国家间缔结姊妹海洋保护地，建立保护地网络或联盟，定期开展人员交流、信息和经验分享，提高各自海洋保护地的成效；推动黄海生态区内的海洋自然遗产申报，积极协助海洋保护地申报相关国际体系认证（如国际重要湿地、生物圈保护区、绿色名录等）。

倡议五：多方参与保护地建设与管理，实现共建共享。

优先行动：鼓励海洋保护地周边的当地社区、利益相关者、社会组织等积极参与保护地的选建和管理过程，为保护地的发展提供协助和支持；制定谁投入谁受益的政策，研究制订鼓励政策和奖励机制，引导社会多方参与海洋保护地的生态修复、动物救助站、自然教育等建设，实现共建共享；鼓励各相关机构开发海洋保护地培训课件，定期举办保护地知识培训，提升当地社区参与保护地管理与建设的积极性和专业性；鼓励各机构广泛开展与海洋保护地相关的科普宣传活动，如知识讲座、志愿者活动、海洋环境教育等，提升公众保护意识和科学知识，为保护地发展吸纳更多社会力量。

倡议六：创新保护地的生态产品和服务，实现资源可持续利用。

优先行动：创新黄海生态区的保护地生态产品和服务供给，在海洋保护地开展特许经营试点，增加保护地和周边社区的自我持续发展能力；研究海洋保护地的生态产品价值实现机制，建立保护者受益、使用者付费、破坏者赔偿的利益导向机制，探索可持续的生态产品价值实现路径，推进生态产业化和产业生态化；制定科学的海洋保护地生态补偿机制，约束生态环境和资源过度消费，增强保护地和周边社区的可持续协同发展；在适当区域开展"可持续蓝色经济创新示范"，探索设立"可持续蓝色经济创新示范"的入选标准，促进海洋保护地成为社区发展的支撑。

最值得关注的十块滨海湿地

第三章

中国沿海湿地保护绿皮书（2021）

本章主笔作者：张全军

滨海湿地生态系统为人类社会提供了丰富的生态系统产品和服务。然而，许多滨海湿地还未被人们所了解，其重要性也未得到全社会足够的重视。在人口增加和经济发展的双重压力下，开展全面保护滨海湿地的难度也逐年增高。2018 年《国务院关于加强滨海湿地保护严格管控围填海的通知》的颁布，意味着滨海湿地保护上升到国家层面。各地积极落实国务院有关禁止围填海活动，这也使得滨海湿地保护进入一个新的阶段。评选最值得关注的滨海湿地，就是为了更好地保护现有滨海湿地的生态环境和生物资源，全面推进我国的滨海湿地保护。

一、最值得关注的十块滨海湿地评选

中国科学院地理科学与资源研究所、北京市企业家环保基金会和红树林基金会于 2021 年 1 月 13 日至 4 月 3 日组织和发布"2021 年最值得关注的十块滨海湿地"评选活动。基于 2017 年和 2019 年对最值得关注的十块滨海湿地评选的经验与组织方法，我们对"2021 年最值得关注的十块滨海湿地"评选活动进行了改进，先由社会团体和政府部门推荐出本年度值得关注的滨海湿地名单，然后在网络上由公众投票选出最值得关注的十块滨海湿地，目的是鼓励公众广泛参与湿地评选和湿地保护行动。

评选活动分为推荐和评选两个环节。首先，发布推荐活动通知，对推荐资格、推荐内容、评选标准（专栏 3.1）、评选方式等提出明确要求，并附上十块最值得关注的滨海湿地推荐表。通过线上问卷收集和线下邮件方式进行推荐，截至 2021 年 2 月 1 日，有 30 个单位共推荐了 25 块湿地进入候选名单。其次，根据评选滨海湿地的标准和要求，对相关机构推荐的"2021 年最值得关注的十块滨海湿地"的支持材料进行筛选和整理，发布入围滨海湿地名单和材料，在 2021 年 2 月 2 日世界湿地日之际，通过网络发布 2021 年最值得关注的 25 块滨海湿地基本信息，由公众进行在线投票，到 2021 年 2 月 28 日投票截止，统计结果显示，本次活动共收到合格的公众投票 2236 份。最后按照公众投票统计结果，评选出 2021 年最值得关注的十块滨海湿地（表 3.1，图 3.1）。2021 年 4 月 3 日通过阿拉善 SEE "任鸟飞"项目公众号对评选结果进行在线发布，由光明日报和爱观鸟（iBirding）公众号转发。

> **专栏 3.1　十块最值得关注的滨海湿地评选标准**
>
> （1）湿地生态系统功能具有极高的价值：生物多样性高，是某个（些）动植物物种重

要且不可或缺的栖息地。

（2）湿地面临严重威胁：包括人类活动、气候变化和外来物种入侵等相关的威胁。

（3）湿地在未来几年中的重大决定，如实施重大工程、养殖、修建海堤、港口等。

（4）该湿地急需得到更多的关注，并需要采取有效的保护行动或措施（若有）。

资料来源：于秀波和张立，2018。

表3.1　2021年最值得关注的十块滨海湿地评选结果

序号	推荐的湿地名称	推荐单位	联系人*
1	辽宁葫芦岛兴城河入海口湿地	辽宁省葫芦岛市野生鸟类保护协会	李宁
2	河北唐山乐亭大清河盐场	中国科学院地理科学与资源研究所	段后浪
3	河北沧州黄骅湿地	沧州师范学院	孟德荣
4	山东东营垦利坝头滩涂湿地	东营市观鸟协会	单凯
5	江苏连云港兴庄河口湿地	连云港市滨海生态保护中心	韩永祥
6	上海南汇东滩湿地	上海市生态南汇志愿者协会	张东升
7	浙江宁波杭州湾滨海湿地	中国林业科学研究院亚热带林业研究所 宁波杭州湾国家湿地公园	焦盛武
8	广东汕头韩江口滨海湿地	凤凰于飞生物调查与自然保护工作室	郑康华
9	广西钦州三娘湾滨海湿地	广西红树林研究中心	孙仁杰
10	广西防城港山心沙岛	红树林基金会（MCF）	徐与蔓

注：①国家级和省级自然保护区未参加本次评选；② 2017 年和 2019 年已评为"最值得关注的十块滨海湿地"不再重复评选；③湿地名单按照从北向南排序；④若同一块湿地有两家单位同时推荐，推荐单位按提交时间排序

* 联系人即为本章第二部分"最值得关注的十块滨海湿地介绍"中各湿地的撰稿人

二、最值得关注的十块滨海湿地介绍

2021 年入选的这十块滨海湿地北起辽宁葫芦岛、南至广西防城港山心沙岛，地跨我国辽宁、河北、山东、江苏、上海、浙江、广东和广西 8 个省（自治区、直辖市），覆盖了河口湿地、海岸湿地、潮间带滩涂、海湾等主要类型，这些滨海湿地拥有丰富的生物多样性和生态功能，多数未被列入我国现有的湿地保护体系中，湿地保护面临着诸多挑战。

（一）辽宁葫芦岛兴城河入海口湿地

葫芦岛市兴城河发源于老岭及黑松岭区域，流域面积 70 292hm²，贯穿兴城市区接入渤海，

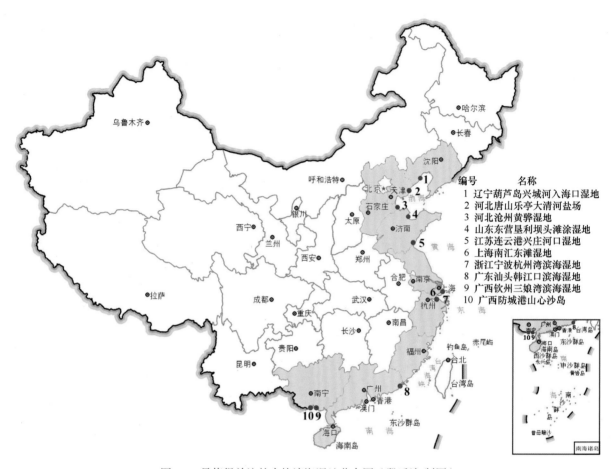

编号 名称
1 辽宁葫芦岛兴城河入海口湿地
2 河北唐山乐亭大清河盐场
3 河北沧州黄骅湿地
4 山东东营垦利坝头滩涂湿地
5 江苏连云港兴庄河口湿地
6 上海南汇东滩湿地
7 浙江宁波杭州湾滨海湿地
8 广东汕头韩江口滨海湿地
9 广西钦州三娘湾滨海湿地
10 广西防城港山心沙岛

图 3.1 最值得关注的十块滨海湿地分布图（段后浪 制图）

兴城河口湿地面积 1277hm²。既有浅海水域、滩涂等海洋生境，又有河流、草甸、森林等内陆生境，与觉华岛隔海相望。这里是黄花鱼、大对虾洄游繁殖地，也是入海口潮间带与周边平原农田河滩海陆交错区，是东亚 - 澳大利西亚候鸟迁徙路线上重要的食物补给地（图 3.2）。

1. 湿地的特点及重要性

兴城河入海口湿地植物包括挺水植物、沉水植物、浮水植物和湿生植物。潮间带滩涂底栖动物包括沙蚕、蛤类、潮汐蟹、螺类等，是东亚 - 澳大利西亚迁徙鸟类重要的食物来源。兴城河入海口湿地是国家重要野生保护动物黑脸琵鹭、东方白鹳、大滨鹬、斑头秋沙鸭、鹗、大天鹅、小天鹅等重要的迁徙中转地。近 6 年调查结果显示，该河口湿地有 130 种鸟类，每年 60 种以上水鸟在此停歇、繁殖和越冬，数量超过 60 000 只，以鸻鹬类、鸥类、鹭类、雁鸭类和东方白鹳等为主。

葫芦岛市野生鸟类保护协会调研成果显示，兴城河南大桥到入海河口湿地区域湿地鸟种超过 100 种，占葫芦岛全市湿地鸟种及数量的 65% 以上（图 3.3）。大杓鹬与白腰杓鹬混群数量

图 3.2 兴城河入海口湿地（王志 摄）

图 3.3 3月迁徙到兴城河入海口湿地的白鹳（王志 摄）

超过400只，黑脸琵鹭和白琵鹭为固定夏候鸟种群，具有重要的保护和科研价值。

2. 湿地的保护及面临的威胁

为了切实保护湿地、鸟类及维护湿地生态功能和生物多样性，葫芦岛市野生鸟类保护协会通过向政府申请公益性岗位的方式，在兴城河入海口湿地设立了湿地鸟类监护站，安排专职监护员全天候巡护，建立详细的野生鸟类在湿地区域的生存状况和迁徙记录监测档案。同时，在省内率先以政府令的形式制定了《葫芦岛市湿地保护管理办法》等一系列措施，维护湿地生态安全，促进湿地资源的可持续利用。

根据最早营巢的蛎鹬、黑嘴鸥、反嘴鹬、金眶鸻、黑翅长脚鹬等湿地鸟类群落窝巢密度和营巢区域性巡护调查记录，在不受潮汐影响的滩涂湿地每100m² 超过15巢；反嘴鹬数量超过300只，幼鸟占比两成左右，是鸻鹬类夏候鸟重要的繁殖基地。冬季入海口湿地主要以绿头鸭、鹊鸭等鸭科、鸥科鸟类为主，数量最多可达5000只（图3.4）。

兴城河入海口湿地受海水养殖影响，自然湿地被阻隔孤立为多块淡水半封闭湿地，面临的主要威胁包括过度捕捞、赶海、旅游建设、人为干扰、偷倒垃圾、乱捕滥猎现象。受威胁鸟种有黑脸琵鹭、白琵鹭、白鹳和鸻鹬集群繁育种群。

3. 保护与发展契机

通过在兴城河入海口湿地开展公益性观鸟科普活动，形成公众参与保护候鸟、保护和关注湿地生物多样性的良好氛围。联合省、市科协，组织林草科技志愿服务团队利用"爱鸟周""科技节""环境日"等契机开展青少年保护野生鸟类、生物多样性科教活动（图3.5），提高对本区域湿地、植物认知与鸟类保护的意识。

图3.4　春分时节兴城河桥下数千只鸭漫天飞舞（王志 摄）

图 3.5　科技志愿服务团队组织的青少年科普活动（武胜龙 摄）

　　为提升该湿地保护水平，野生鸟类保护协会下设的兴城河入海口湿地监护员从不间断地开展巡护与物种监测，为兴城河入海口湿地生物多样性本底调查论证及申请国际重要湿地提供依据，并带动更多的爱心企业和社会公益人士共同加入到保护绿水青山、湿地与候鸟的行列中米。

（二）河北唐山乐亭大清河盐场

　　大清河盐场（图 3.6），位于河北省唐山市乐亭县西面渤海沿岸，属于长芦盐场的一部分。

图 3.6　河北唐山乐亭大清河盐场（田志伟 摄）

距乐亭县城 35km。场区东侧有大清河（老滦河底），西侧有青河、新河和第二泄洪渠的汇流处大庄河等，面积约 900hm²，盐场东面与乐亭县大清河，西面与滦南县大庄河海口毗邻，南临渤海。盐场每日有两次高潮和两次低潮，称为半日潮。

1. 湿地的特点及重要性

大清河盐场拥有面积广阔的沿海滩涂，是东亚 - 澳大利西亚候鸟迁徙路线的咽喉要道，每年为数十万只候鸟提供停歇地、繁殖地、越冬地。大清河盐场内分布有自然滩涂湿地、人工湿地盐田等，为水鸟提供了栖息地。盐场及周边湿地有鸿雁、白鹤、丹顶鹤、大杓鹬、大滨鹬、遗鸥（图 3.7）、黑嘴鸥、东方白鹳、黄嘴白鹭等受胁物种。

2. 湿地的保护及面临的威胁

在过去一段时间，填海造陆（图 3.8）、海产养殖等开发行为严重干扰了沿海滩涂湿地，导致滩涂面积大幅缩小。此外，过度捕捞及海产养殖导致滩涂湿地破碎化严重，造成生物多样性锐减。尤其是养殖过程中所使用的消毒剂、抗生素等有毒有害化学物质排入海水中，导致海洋

图 3.7　大清河盐场的遗鸥（王建民 摄）

图 3.8　填海造陆（王建民 摄）

生物多样性受损。不仅影响湿地生态系统健康，还威胁鸟类的生境。

3. 保护与发展契机

当地护鸟志愿者田志伟在盐场建立了唐山市大清河鸟类救助站，用以收容救助受伤水鸟、人工孵化、传播水鸟保护知识等。自成立以来，救助站已累计救助放飞野生鸟类 3000 余只，包括国家一级和二级保护鸟类 300 余只。通过人工孵化的方法，救助了黑翅长脚鹬、白额燕鸥、环颈鸻、反嘴鹬等 7 种野生鸟 1000 余只。2018 年，人工孵化出 3 只国家一级保护鸟类遗鸥，现已被放归自然。

救助站目前占地 4.3hm²，共有五个功能区：救助区、恢复区、野化区、保育区和宣教区，拥有综合性的鸟类救助系统。救助站的日常工作主要通过盐场职工、当地农民和学生完成，有 20 余人负责日常野外保护工作。在救助站的建立及志愿者的帮助下，大清河盐场的水鸟种类和种群数量正在向好的方向发展。

（三）河北沧州黄骅湿地

沧州市黄骅湿地（图 3.9）位于河北省沧州市东部，东临渤海，北靠天津，南接黄骅港，包括南大港湿地和黄骅滨海湿地。湿地类型有滨海湿地、沼泽湿地、河流湿地、洼地、苇田、盐田和养殖塘等，总面积达 153 428hm²。黄骅湿地是东亚 - 澳大利西亚候鸟迁徙路线上的重要节点。该湿地已经被列入河北省首批重要湿地名录。

图 3.9　河北沧州黄骅湿地（孟德荣 摄）

1. 湿地的特点及重要性

河北沧州黄骅湿地地域辽阔，类型复杂多样，孕育了丰富的动植物资源。该湿地生物资源最突出的特点是鸟类资源非常丰富（图 3.10，图 3.11），而且珍稀濒危鸟类多，其中，青头潜鸭、中华秋沙鸭、遗鸥、黑嘴鸥、丹顶鹤、白头鹤、白鹤、白枕鹤、东方白鹳、黑鹳、黄嘴白鹭、卷羽鹈鹕等 20 种为国家一级保护鸟类；大天鹅、白琵鹭、灰鹤、鸳鸯等 41 种为国家

图 3.10　黄骅湿地冬季的海滩及遗鸥（孟德荣 摄）

图 3.11　黄骅湿地的反嘴鹬（孟德荣 摄）

二级重点保护鸟类。受胁鸟类 8 种，其中，青头潜鸭和白鹤属于极危级（CR），丹顶鹤和东方白鹳属于濒危级（EN），白枕鹤、白头鹤、大鸨、鸿雁等属于易危级（VU）。卷羽鹈鹕、白枕鹤、丹顶鹤、东方白鹳、白琵鹭、灰雁、豆雁等 28 种水鸟的种群数量超过全球或迁徙路线 1% 标准。

2. 湿地的保护及面临的威胁

黄骅冯家堡以北有 3.6km 长的滩涂养殖塘已经废弃，目前主要靠自然潮汐的力量恢复原始滩涂。黄骅水务局管养场沼泽湿地和黄骅海滨潮间带滩涂的养殖围垦问题十分严重（图 3.12），围垦改变了原有景观生态，使得生物多样性降低、生态功能减退，一些鸟类栖息生境丧失。随着港口经济圈和沿海经济带的发展，建设工厂、修筑道路、开发房地产、城市扩张，导致大面积的自然湿地消失，破碎化严重。

图 3.12　黄骅大辛堡滩涂围垦（孟德荣 摄）

湿地同时也面临污染问题。一是水产养殖，尤其是海参养殖带来的水体富营养化和药剂污染，二是钢铁、装备制造、石油化工、生物制药等行业的"三废"排放、船只燃油泄漏，以及生产油井的原油泄漏带来的湿地污染。黄骅管养场湿地周围及海岸带都建有风力发电场，风机和输变电线路会造成鸟撞事件，这也会影响湿地鸟类。此外，该湿地也存在着过度捕捞、非法猎捕和捡拾鸟卵等问题。

3. 保护与发展契机

随着贯彻落实习近平新时代中国特色社会主义思想,绿水青山就是金山银山,要像对待生命一样对待生态环境,生态文明建设事关中华民族永续发展和"两个一百年"奋斗目标的实现等一系列生态文明建设思想日益深入人心,必将为湿地保护工作开创新的局面。随着生态保护红线的制定,《中华人民共和国野生动物保护法》《河北省湿地保护条例》等国家和省市一批法律法规的颁布与实施,使湿地保护和管理工作有法可依,严格执法,违法必究。

相关部门正在加大湿地保护宣传力度,普及湿地保护知识,增强湿地保护意识,提高公众参与力度,同时严守生态保护红线,严格管控围填湿地和海岸线开发,实施生态修复,以加强污染治理,筑牢湿地生态安全屏障。

(四)山东东营垦利坝头滩涂湿地

东营垦利坝头滩涂湿地位于山东黄河三角洲国家级自然保护区外围区域,处于黄河入海河道以南至广利 - 支脉河口间的潮间带,以河口三角洲淤泥质滨海湿地为主,黄河在此入海,泥沙沉积成陆而形成中国最年轻的湿地(图3.13)。这里生态原始、面积广阔、底栖生物丰富,海域富含有机质,是渤海湾主要产卵场、孵幼场、索饵场,是水禽重要的迁徙停歇地、觅食地。

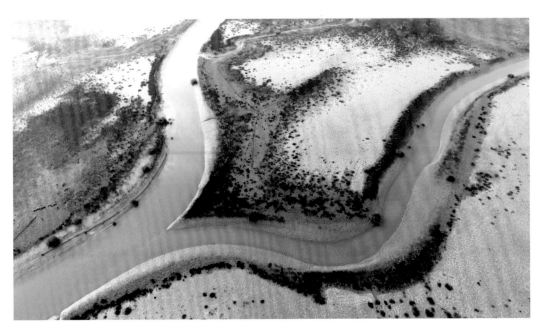

图 3.13 东营垦利坝头滩涂潮河入海(杨斌 摄)

1. 湿地的特点及重要性

垦利坝头是东亚 - 澳大利西亚候鸟迁徙路线上的重要停歇地，记录到鸟类资源 278 种，以水禽为主，隶属于 13 目 43 科，其中国家一级保护鸟类包括中华秋沙鸭、遗鸥、白头鹤、白鹤、东方白鹳、卷羽鹈鹕、黑鹳、金雕；国家二级保护鸟类有大天鹅、小天鹅、疣鼻天鹅等 36 种，每年越冬的雁鸭类超过 10 万只。该湿地是黄渤海地区重要生物多样性热点区域，是典型的淤泥质滨海滩涂湿地，也是珍稀鸟类的分布区，主要包括黑嘴鸥重要觅食区、遗鸥重要越冬区、鸻鹬类觅食区和鹤类觅食区（图 3.14）等。

图 3.14　滩涂内觅食的东方白鹳（杨斌 摄）

2. 湿地的保护及面临的威胁

21 世纪初，当地政府修筑沿海防潮大堤，其中沿海防潮大堤西侧已开发为海水水产养殖区域，大堤东侧滩涂区有围垦养殖活动（图 3.15）。2020 年，东营市政府已对东侧滩涂区围垦养殖行为实施综合治理。

目前存在威胁主要包括以下几个方面。①渔业捕捞：此区域是传统的捕捞区，渔业资源丰富，有渔港码头 2 处，捕捞渔船 200 余艘，渔业捕捞活动频繁。②沿海交通：沿海防潮大堤是此区域重要交通道路，人为活动频繁。③生态旅游：有黄河口生态旅游区、新汇东海岸大酒店旅游区，其中新汇东海岸开发滨海拾贝等滨海体验项目对鸟类资源造成了极大的冲击。④风力发电：滩涂及周围建有风力发电场，大型风力发电机带来的噪声干扰，可能对水鸟迁徙有影响。

图 3.15 滨海滩涂围垦恢复前（杨斌 摄）

3. 保护与发展契机

此区域面积广阔、生态原始、众多河流在此入海、底栖生物丰富，是水禽重要的觅食区。此区域已引起当地政府重视，通过沿海综合整治行动已恢复部分滩涂湿地原貌（图 3.16）。黄河口国家公园建设已进入国家审批阶段，此地区部分区域已纳入规划范围。部分区域在黄渤海申请的世界自然遗产名录范围内。

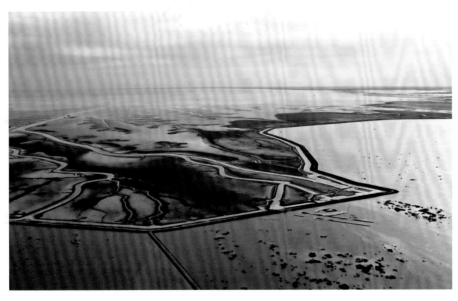

图 3.16 滨海滩涂围垦恢复后（杨斌 摄）

（五）江苏连云港兴庄河口湿地

连云港海岸地处江苏省沿海地区最北端，北靠山东半岛，南临盐城，位于鲁南丘陵区、淮北平原区和黄海交界处。海岸地貌多样，既有礁岩海岸、泥滩、沙滩及河口和盐沼，也有若干岩质海岛，是东亚-澳大利西亚候鸟迁徙路线的重要节点。市内湿地类型多样，拥有水库、河流、养殖场、盐场和滩涂等，为迁徙路线上的各种水鸟提供了中途停歇、越冬栖息的环境。河口滩涂泥沙混杂，底栖生物丰富，尤其受到黑尾塍鹬、大滨鹬的喜爱。

1. 湿地的特点及重要性

兴庄河口湿地的动植物资源丰富，为候鸟提供了充足的食物和能量来源，是候鸟迁飞路线上水鸟的重要停歇点和食物补给站，生态区位十分重要，对鸟类生存具有重要意义。兴庄河口鸻形目、雁形目鸟类较多，反嘴鹬、灰鸻、黑腹滨鹬、蛎鹬和红嘴鸥为该区域优势物种。兴庄河口并不独立存在，紧临青口河口与临洪河口，在涨退潮期间 3 个河口的鸟群利用河口的潮差，交替休息与觅食。兴庄河口与周边的青口河口、临洪河口的鸟群常常形成大的鸟浪。这里单日记录到黑尾塍鹬 3500 只（图 3.17），其中记录到 40 多只佩戴彩环的黑尾塍鹬个体（图 3.18）。同期单日还记录到近万只的大滨鹬。

图 3.17　兴庄河口觅食的黑尾塍鹬群（韩永祥 摄）

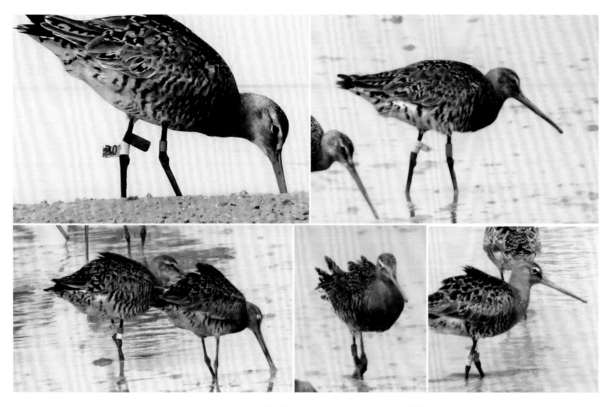

图 3.18　兴庄河口佩戴彩环的黑尾塍鹬（韩永祥 摄）

2. 湿地的保护及面临的威胁

近年来，连云港市的滨海湿地保护工作逐步得到重视，近年来陆续建立了 1 个国家海洋公园、1 个省级湿地公园、8 个滨海湿地保护小区，受保护面积达 58 731.44hm²，占全市滨海湿地总面积的 54.33%。

目前面临的主要威胁有：滩涂养殖干扰水鸟（图 3.19），围填海速度过快导致湿地面积减少，围填海后土地利用监管不力，污染加剧，湿地功能退化，外来物种入侵和资源利用不合理等问题。

3. 保护与发展契机

2019 年 6 月，中共中央办公厅、国务院办公厅印发了《关于建立以国家公园为主体的自然保护地体系的指导意见》，提出构建统一的自然保护地分类分级管理体制，科学制定国家公园空间布局方案。中国黄（渤）海候鸟栖息地（第一期）也已经获准列入《世界遗产名录》，而黄（渤）海候鸟栖息地（第二期）将于第 47 届世界遗产大会提请加入。连云港市人民代表大会也已经通过了我国第一部专门针对滨海湿地的地方性法规《连云港市滨海湿地保护条

图 3.19　兴庄河口滩涂养殖户用鞭炮驱赶鸟群（韩永祥 摄）

例》，该条例是国内首部针对滨海湿地保护的地方性法规，标志着连云港市滨海湿地保护工作纳入了规范化、法制化的轨道。这些举措的实施，有力地促进了连云港市滨海湿地的保护与修复。

（六）上海南汇东滩湿地

南汇东滩湿地位于上海市东南角，长江南支南岸，南侧为杭州湾，是长江河口湿地的重要组成部分。区域范围为浦东机场以南，芦潮港以北，西至两港大道 - 南芦公路，东面临海，长 40km，宽 2.8~4.9km，总面积为 12 250hm²。

1. 湿地的特点及重要性

南汇东滩地区是上海市进行围垦造田的重要区域。沿海湿地由原来的围垦大堤分为内外两部分，堤内包括芦苇湿地（图 3.20）、鱼塘、农田、林地等，生境多样，但是湿地碎片化严重。堤外为淤泥质滩涂湿地，缺乏潮上带和部分潮间带，互花米草扩散较为严重。

南汇东滩记录到的鸟类总计 21 目 72 科 431 种，依据《国家重点保护野生动物名录（2021）》，该湿地包含国家一级重点保护野生动物 20 种，国家二级重点保护野生动物 64 种，是东亚 - 澳大利西亚迁飞区的重要驿站（图 3.21，图 3.22）。由于南汇东滩湿地有许多珍稀和濒危鸟类，以及记录到的黄嘴白鹭、三趾鹬等几种水鸟的数量超过了其迁徙路线上种群数量的 1%，南汇东滩被国际鸟盟认定为国际重要鸟区（important bird area，IBA）。此外，根据相关文献，南汇东滩还记录到哺乳类 6 目 6 科 6 种，两栖类 1 目 4 科 7 种，爬行类 3 目 7 科 16 种。

图 3.20　南汇东滩堤内的芦苇湿地（张东升 摄）

图 3.21　堤内鱼塘里的野鸭群（三氧化二砷 摄）

图 3.22　生活在芦苇地中的震旦鸦雀（汪亚菁 摄）

2. 湿地的保护及面临的威胁

该湿地曾经被原南汇区人民政府批准成立南汇东滩野生动物禁猎区，并有管护人员定期巡护，是上海市第一个禁猎区。但是，由于缺乏相关的法规保护和规划管理，湿地受到城市建设、林地建设和围垦，外来物种入侵等各方面的严重威胁，湿地功能降低，面积缩减。围垦使得堤外滩涂湿地大规模丧失，堤外基本上没有潮上带区域，对依赖滨海湿地生存的水鸟等野生动物造成了严重威胁（图3.23）。在围垦过程中引入的互花米草，因其较强的适应能力，造成了严重的生物入侵，威胁着藨草等本土植物（图3.24）和各种包括底栖生物在内的本土动物的生存。

图3.23　东方白鹳的越冬栖息地丧失（张弛 摄）

图3.24　堤外滩涂上的海三棱藨草和互花米草（张东升 摄）

迅速发展的城市建设，包括道路建设和河道建设，加快了堤内湿地的破碎化，减少了芦苇等湿地的面积。为了落实林地覆盖率指标而进行芦苇湿地填埋和种树等活动，进一步减少了堤内包括芦苇地、鱼塘和水稻田等湿地的面积，对南汇东滩湿地生态系统造成严重影响。同时，堤内的芦苇湿地由于水位降低等原因而导致功能退化，加拿大一枝黄花迅速蔓延，也威胁着湿地的生物多样性。

3. 保护与发展契机

由于得天独厚的地理位置和丰富的鸟种，南汇东滩湿地是上海及周边观鸟爱好者的首选观鸟热点，受到广泛关注。上海市生态南汇志愿者协会等机构的志愿者通过公益观鸟活动、清滩活动、鸟类摄影展和鸟类调查等活动，提高了本地民众的水鸟保护意识（图3.25）。随着国家生态文明政策的实施，以及广大市民生态文明意识的提高，希望当地政府更加重视湿地生态保护，把临港新城建设成为人与自然和谐共生的未来之城。

图 3.25　参加鸟类调查的志愿者（张东升 提供）

（七）浙江宁波杭州湾滨海湿地

杭州湾为一喇叭口形状的河口海湾，位于浙江省北部、上海市南部，东临舟山群岛，西有钱塘江汇入。湿地面积为 $8.36 \times 10^4 hm^2$（含庵东沼泽区湿地）。杭州湾是世界著名的强潮河口，进潮量大，潮流强，有雄伟的涌潮奇观。南岸属淤涨型海岸，北岸则属侵蚀型海岸。潮汐属浅海半日潮，湾内海域水深多小于 10m，水下地形平坦，中北部至口门为杭州湾水下浅滩。湾内有大小岛屿 69 个，岛屿附近发育有潮流深槽、冲刷深潭及潮流沙脊。海岸线长 258.49km，以人工海岸为主（图 3.26）。

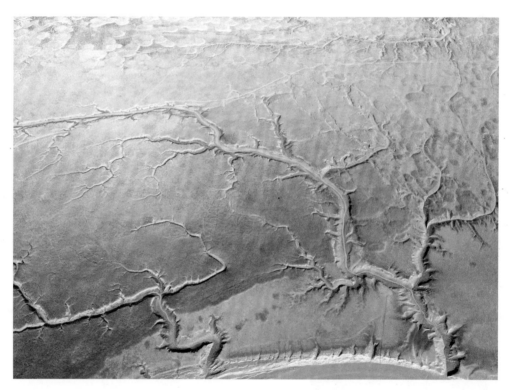

图 3.26　杭州湾滨海湿地（王桂林 摄）

1. 湿地的特点及重要性

杭州湾湿地以浅海水域、淤泥质海滩和潮间盐水沼泽等湿地为主，其他尚有岩石性海岸和水产养殖场。区域内共记录高等植物 86 科 281 种，主要以海三棱藨草（*Scirpus mariqueter*）群落、海三棱藨草 - 互花米草（*Spartina alterniflora*）群落、芦苇（*Phragmites australis*）群落 / 芦苇 - 互花米草群落等为主。杭州湾水域鱼类资源丰富，以近岸中小型鱼类为主。滩涂底栖动物丰富，主要类群为软体动物、甲壳类及环节动物。

杭州湾滨海湿地共记录鸟类 21 目 62 科 303 种，其中候鸟有 173 种，占鸟类总数的 57.10%，记录繁殖鸟（夏候鸟和留鸟）76 种，占鸟类总数的 25.08%，记录水鸟 10 目 20 科 143 种，占总数的 47.19%（图 3.27，图 3.28）。列入国家重点保护野生动物名录的鸟类有 36 种，列入 IUCN 红色名录的受威胁鸟类共有 31 种。其中极危（CR）物种有勺嘴鹬（*Eurynorhynchus pygmeus*）、青头潜鸭（*Aythya baeri*）和白鹤（*Grus leugeranus*）3 种。

图 3.27　黑腹滨鹬（徐建能 摄）

图 3.28　黑尾塍鹬、黑翅长脚鹬（王桂林 摄）

杭州湾滨海湿地地处东亚 - 澳大利西亚迁飞区的中段，是迁徙雁鸭类和鸻鹬类的重要停歇栖息地与越冬地。白鹤、白头鹤、白枕鹤和灰鹤4种鹤类均在此栖息。

2. 湿地的保护及面临的威胁

杭州湾庵东沼泽区湿地已经被列入《中国重要湿地名录》，建立了国家林业和草原局杭州湾湿地生态站，该生态站是国家林业和草原局陆地生态系统定位研究网络站点之一，技术依托单位为中国林业科学研究院亚热带林业研究所。同时，浙江杭州湾湿地公园也正式被列为"国家湿地公园"（图3.29）。然而，杭州湾滨海湿地保护面积非常有限，绝大多数面积的滨海湿地未被保护进来，依然存在着许多问题。例如，开垦利用迅猛、湿地面积减少、污染严重、生态系统质量下降、监测与保护手段欠缺、人为活动干扰严重等问题。

3. 保护与发展契机

2018年，国务院印发了《国务院关于加强滨海湿地保护严格管控围填海的通知》。在中

图 3.29　杭州湾国家湿地公园（王桂林 摄）

央生态环境保护督察下，杭州湾湿地围垦得到了遏制，已经围垦用作养殖塘的被要求退养还湿，在长三角一体化和大湾区建设的大背景下，积极开展杭州湾滨海湿地的规划和保护非常重要。

中国林业科学研究院亚热带林业研究所建立的杭州湾湿地生态站，在开展湿地生态系统科学研究和监测的基础上，联合杭州湾湿地公园，积极开展湿地植物、鸟类、生态环境等方面的科普教育，组织科学讲座、出版科普读物和宣传册、邀请公众参与鸟类调查和环志、研学等活动（图3.30）。在自然资源规划局的支持下，宁波市和慈溪市野生动物保护

图3.30　宣传展示（施建庆 摄）

协会也开展了鸟类巡护、野外保护走进学校和社区、鸟类救护与放飞、"湿地日"和"爱鸟周"等节日组织宣传活动，为杭州湾滨海湿地的科普宣传工作提供了非常好的契机。

（八）广东汕头韩江口滨海湿地

韩江口滨海湿地的地理范围包含了新津河、外砂河、莲阳河及义丰溪出海口的连片滨海湿地，行政区域分属汕头市龙湖区新溪镇、外砂街道，澄海区凤翔街道、莲上镇、莲下镇、溪南镇、盐鸿镇及部分浅海水域与之相连的南澳县后宅镇（广义上可包括在义丰溪口与盐鸿镇毗邻的潮州市饶平县海山镇）。

该区域湿地类型多，有河口水域、潮间砂石滩、潮间淤泥滩、红树林沼泽、水草滩、养殖塘和浅海水域，是数以十万计的野生鸟类包括众多全球濒危珍稀鸟类的越冬地、中途停歇地和繁殖地（图3.31）。另外，韩江口的浅海水域，还是中华白海豚、瓶鼻海豚、印太江豚、中国鲎等国家重点保护水生动物的重要栖息地。

1. 湿地的特点及重要性

汕头韩江口滨海湿地的主要特点是出海口多、类型多、面积大、濒危珍稀物种多、生物多样性丰富。韩江口滨海湿地兼有红树林、滩涂、河口、浅海水域及养殖塘等多种类型的湿地，

图 3.31　韩江义丰溪口段红树林湿地的白腹鹬、野鸭与鹭鸟（郑康华 摄）

是我国华南地区一块不可多得的"生态宝地"，是广东濒危珍稀物种最多、生态保护价值最高的重要湿地之一（图 3.32）。

作为东亚 - 澳大利西亚候鸟迁徙路线上的重要节点，韩江口湿地每年都会吸引数以十万计的候鸟到这里越冬、度夏或中途停歇"加油"。经阿拉善 SEE "任鸟飞" 项目的合作伙伴汕头 "凤凰于飞" 团队的调查监测，在韩江口湿地有记录的 300 多种鸟类中，就有遗鸥、白肩雕、黑鹳、白鹤、中华凤头燕鸥、勺嘴鹬（图 3.33）、青头潜鸭（图 3.34）、黄胸鹀、黑脸琵鹭、小青脚鹬、黄嘴白鹭、黑嘴鸥、卷羽鹈鹕 13 种国家一级保护动物，另有紫水鸡等 42 种国家二级保护动物，两者约占汕头湿地有记录的 72 种国家一、二级重点保护鸟类的 76%。

2. 湿地的保护及面临的威胁

汕头有 289.1km 长的海岸线，被列入广东省严格保护岸段的海岸达 16 处。目前，韩江口滨海湿地虽在汕头市海岸湿地自然保护区覆盖范围之内，但由于该保护区至今仍为市级建制，

图 3.32　韩江口滨海湿地的旖旎风光（郑康华 摄）

图 3.33　韩江口湿地环志编号为 85 的全球极危物种、
国家一级保护动物勺嘴鹬（郑康华 摄）

图 3.34　韩江口湿地越冬的极危物种、
国家一级保护动物青头潜鸭（郑康华 摄）

在没有晋升为省级自然保护区之前，难以得到严格意义上的保护。也正因如此，在该处湿地栖息的大量野生鸟类受张网捕鸟、持枪猎鸟等盗猎活动及游客惊扰鸟儿、捡拾鸟蛋等人为干扰的威胁影响较大。此外，地方工业园区建设及养殖业、旅游业、房地产等经济开发活动也存在可能占用湿地等对湿地保护不利的潜在威胁。

3. 保护与发展契机

当前，习近平总书记提出的"绿水青山就是金山银山""绿色发展、生态优先"等发展理念已成为举国共识，全国上下十分重视生态文明建设，湿地保护就是其中一项重要任务，国务院也出台了史上最严的围填海管控措施，这是有利于韩江口滨海湿地保护的大背景。目前，汕头正在努力创建全国文明城市，打造广东"省域副中心城市"，全力以赴筹办第三届"亚洲青年运动会"，全市颁布了禁猎政令，全面推行河长制，按照广东省的统一要求划定限制养殖、禁止养殖岸段，严格保护海岸线。这些都是利好韩江口滨海湿地保护的契机。

在此背景下，拥有韩江口湿地这样具有国际意义的重要湿地和如此之多的全球性濒危珍稀物种，无疑是汕头推进生态文明建设和绿色发展的一大资源优势。如能重视并做好保护工作，将韩江口滨海湿地申报为国际重要湿地并设立省级自然保护区，或继续与榕江口牛田洋（汕头湾）等湿地合为一个主体进行申报，并朝最终建成国家级自然保护区的方向努力，永久保留下汕头乃至广东这块值得骄傲的"生态宝地"。

（九）广西钦州三娘湾滨海湿地

广西钦州三娘湾滨海湿地位于广西钦南区犀牛脚镇，西起三娘湾村，东至大风江西岸沙角村（图3.35）。自然海岸线长约15.65km，面积约4638.25hm²。西侧为大灶江入海口，东侧为大风江入海口，两条河流为该片湿地带来了珍贵的淡水资源和丰富的营养物质，养育了红树林、中华白海豚、中华鲎及数以万计的水鸟。三娘湾以碧海、沙滩、奇石、绿林、渔船、渔村、海潮、中华白海豚而著称，拥有"中华白海豚之乡"的美称，由三娘石、母猪石、乌雷岭、威德寺等景观景点组成，是著名电影《海霞》的外景拍摄地。

1. 湿地的特点及重要性

广西钦州三娘湾滨海湿地类型丰富多样，不同生态系统间整体性高，连通性好。三娘湾滨海湿地由红树林、浅海水域、岩石海岸、沙石海滩、淤泥质海滩、沙洲、河口水域、稻田和水

图 3.35　广西钦州三娘湾滨海湿地区域图（孙仁杰 制图）
红框内为广西钦州三娘湾滨海湿地

产养殖塘等多种湿地类型组成，不同类型的湿地间整体性高，连通性好。为栖息于此的鸟类提供了丰富的觅食地、繁殖地，且有足够面积、安全的高潮位停歇地。

三娘湾滨海湿地处于东亚 - 澳大利西亚迁飞区，是众多候鸟重要的停歇地和越冬地，水鸟资源非常丰富。三娘湾滨海湿地记录到的鸟类达 158 种，其中以鸻鹬类、鸥类和雁鸭类为主，每年迁徙、停歇此地的水鸟数量超过 10 万只，越冬的水鸟数量超过 2 万只（图 3.36，图 3.37）。在记录到的 158 种鸟类中，国家一级保护野生动物有 8 种，分别为黑脸琵鹭、黄嘴白鹭、勺嘴鹬、黑嘴鸥、彩鹮、乌雕、黄胸鹀、小青脚鹬。二级重点保护鸟类 32 种，包括红脚鲣鸟、褐翅鸦鹃、小鸦鹃、水雉、白腰杓鹬、大杓鹬、翻石鹬、大滨鹬等。其中，列入《中日候鸟保护协定》的鸟类有 79 种，列入《中澳候鸟保护协定》的鸟类有 37 种。

2. 湿地的保护及面临的威胁

（1）互花米草入侵及外来引种红树林扩散。互花米草在大风江东岸（北海市西场镇）已泛滥成灾，侵占了大量的滩涂，近年来逐渐向西扩散，在三娘湾滨海湿地呈快速增长阶段，已对当地生态系统产生了一定的负面影响，影响了红树林等本土植物的生长，并对众多水鸟赖以生

图 3.36　三娘湾滨海湿地的针尾鸭（孙仁杰 摄）

图 3.37　在鱼塘觅食的白鹭（孙仁杰 摄）

存的滩涂造成了严重潜在威胁。另外，在三娘湾滨海湿地存有部分人工种植或自然扩散的无瓣海桑、拉关木等外来红树林树种。评估、控制外来物种对本地生态系统的影响是该片湿地保护面临的重要问题。

（2）管理机构不健全，缺少本底调查资料。三娘湾滨海湿地虽然由林业、环保、海洋与渔业、水利、农业、国土等多部门管理，但没有明确管理主体的具体职责。湿地本底资料匮乏，尚未对湿地进行全面的保护规划。

3. 保护与发展契机

钦州市委和市政府，坚持"绿水青山就是金山银山"的理念，提出了"区域分离，和谐共赢"的方针，果断调整了原有的经济建设布局，以南北走向的"三墩路"为界，将其西边作为钦州发展现代工业企业的区域，而在东边则尽可能地维持原始滨海湿地的原貌。目前，钦州近岸海域生态环境得以不断改善，海洋环境质量总体上逐渐趋于好转，各项海洋环境保护措施也正逐步得到落实。据监测，大风江控断面水质达到Ⅲ类，符合自治区考核要求。毗邻大风江口的三娘湾，将得益于大风江充沛而清洁的淡水，大量陆源性营养物质滋养着白海豚等物种。

（十）广西防城港山心沙岛

山心沙岛位于广西防城港市企沙镇，是山心滨海湿地的核心组成部分（图3.38）。它东临钦州湾，南濒北部湾，面积约4.1hm²。岛四周的沙滩平缓，退潮时该岛西部与陆地相连，可以步行上岛。高潮位时小岛则被海水完全包围，仅岛中心及周边部分沙滩露出水面。山心沙岛全

图 3.38　山心沙岛位置图（刘德生 制图）

岛为沙质土壤，岛上植被以木麻黄为主。栖息于此的全球性濒危鸟类和国家重点保护野生动物众多，这里是水鸟在涨潮时的落脚点与庇护所，也是它们过夜的最佳地点（图 3.39）。

图 3.39　休息的鹬群（刘德生 摄）

1. 湿地的特点及重要性

山心沙岛是东亚 - 澳大利西亚候鸟迁徙路线重要的中转站和越冬地，是广西沿海最重要的水鸟栖息地之一。其底栖动物丰富，尤其是体型较小的底栖动物所占比例较大，为鸻鹬类提供了丰富的食物。优势种为环颈鸻、蒙古沙鸻、黑腹滨鹬、红嘴鸥、铁嘴沙鸻等，有记录的国家一级保护动物包括勺嘴鹬、小青脚鹬、黑嘴鸥、遗鸥、黄嘴白鹭，国家二级保护动物包括白腰杓鹬、大杓鹬、大滨鹬、半蹼鹬等。

2019~2021 年，国家一级保护动物、被列入 IUCN 红色名录的极危物种勺嘴鹬（图 3.40）每年都在此地停歇或越冬，单次观察到的最大群体至少 7 只。据估计，超过全球种群数量 1%的大滨鹬（图 3.41）迁徙时也经过这一区域。因此，山心沙岛对维持东亚 - 澳大利西亚迁飞区的鸟类种群具有重要的作用。

除此之外，山心沙岛还是广西沿海区域重要的水鸟繁殖地之一，白脸鸻、普通燕鸥和黑翅长脚鹬在岛上繁殖（图 3.42），每年繁殖个体都超过 100 多只。同时，有越来越多的广西水鸟新记录在山心沙岛被发现。经初步统计，在 2018~2020 年，就有小滨鹬、遗鸥、渔鸥和小凤头燕鸥 4 种从未在广西记录的鸟类在山心沙岛被发现。

图 3.40　勺嘴鹬（刘德生 摄）

图 3.41　大滨鹬（刘德生 摄）

2. 湿地的保护及面临的威胁

　　山心沙岛外围无任何掩护设施，导致岛体侵蚀严重，岛体稳定性差，沙滩流失严重。随着海水侵蚀的加剧，岛礁面积由原来的 11.2hm² 逐年缩减，小岛面积如今已缩减至 4.1hm²。岛上的一些树木逐渐枯萎死亡，而在海岛的中部区域，有的地方已被海水渗入形成水塘，不再适宜植被生长。为了增强海岛的保护与管理、恢复海岛原貌、消除安全隐患、增加岛体植物多样性、保护和修复山心沙岛生态系统、提高海岛的稳定性，防城港市海洋局港口区分局实施了

图 3.42　黑翅长脚鹬在繁殖（刘德生 摄）

山心沙岛生态岛礁建设工程项目。

　　山心沙岛的旅游业在逐步开展，自驾游客居多，人为干扰增加（图 3.43，图 3.44）。在缺乏公众教育及倡导下，部分游客会追赶和驱逐鸟类，导致鸟类频繁起飞，缩短了鸟类的休息和觅食时间；在繁殖季节，人们甚至进入白脸鸻的繁殖区，导致其繁殖失败。提升管理方式与条例、社区与游客宣传，通过良性引导，尽可能减少人为干扰。

　　山心沙岛的周边滩涂、盐田、基围，也是水鸟休息或夜宿的重要栖息地，因此，沙岛附近的陆地建设项目对鸟类有较大影响，而沙岛及其周边滩涂目前都不在生态红线区域，附近的金村、箣山古渔村、红沙村开发态势是不可逆转的。保证当地渔村村民的现实需求，进行相关利益的平衡，是推动保护的重要基础。

图 3.43　自驾游客驶入沙滩（刘德生 摄）　　　　图 3.44　被垃圾环绕的候鸟（刘德生 摄）

3. 保护与发展契机

山心沙岛生态岛礁修复项目的获批和实施，引来了众多鸟类专家和各地爱鸟人士的关注，为山心沙岛的保护带来很好的契机。项目陆续开展了生态挡沙堤、岛体补沙及沙滩修复、原有植被保护、植被种植、建设连岛管理站及视频管理系统等项目。经过两年多的修建和养护，山心沙岛生态岛礁修复项目初见成效。在整治修复海岛的同时，成功保留了水鸟越冬栖息地的生态功能，真正做到了人与自然和谐相处。

三、2017年和2019年最值得关注的十块湿地成效追踪

最值得关注的十块滨海湿地评选活动由北京市企业家环保基金会"任鸟飞"项目支持（专栏 3.2），每两年开展一次评选。2017 年和 2019 年共评选出 20 块最值得关注的滨海湿地，其中有 16 块湿地得到了"任鸟飞"项目的资助，累计资助金额达 709.72 万元（表 3.2）。

> **专栏 3.2　"任鸟飞"项目**
>
> 2016 年 12 月至 2021 年 6 月，任鸟飞栖息地保护行动网络已执行 5 年，共支持了 65 家机构实施了 90 个重要湿地的保护项目。开展湿地巡护和水鸟调查 6500 次，保护 4000km² 水鸟栖息地，收集鸟类数据 21 万余条，处理威胁 2200 次，开展自然教育 1100 多次，累计覆盖 75 万人次，在很大程度上保护了保护空缺湿地。
>
> 华北任鸟飞北大港湿地公众教育基地在 2018 年挂牌成立，累计接待公众超过 1000 人

次。同时，"任鸟飞"项目支持北京师范大学开展滦南湿地的综合科考项目，并联合多家机构共同推动河北滦南南堡省级湿地公园的建立。借助黄（渤）海候鸟栖息地世界遗产申报的契机，"滦南南堡嘴东省级湿地公园"最终在 2020 年 10 月下批文成立。

资料来源：北京市企业家环保基金会

表3.2 2017年和2019年入选湿地受"任鸟飞"项目的资助情况

湿地	资助项目	受资助机构	累计资助金额（万元）
河北滦南南堡湿地	渤海湾候鸟的关键栖息地保护恢复	北京师范大学	230.83
河北唐山菩提岛湿地	菩提岛诸岛鸟类监测	北京市昌平区多元智能环境研究所	20.64
天津汉沽滨海湿地	天津汉沽滨海滩涂保护	天津市滨海新区疆北湿地保护中心	28.44
天津北大港湿地	北大港湿地及周边鸟类调查与保护	天津市滨海新区湿地保护志愿者协会	9.85
河北沧州沿海湿地	沧州沿海湿地鸟类监测、救护与公众教育	沧州市野生动物救护中心	11.88
江苏连云港临洪口 - 青口河口湿地	守护江苏重要水鸟栖息地——连云港青口河口	勺嘴鹬在中国	30.50
江苏如东 - 东台滩涂湿地	守护江苏重要水鸟栖息地——东台条子泥	勺嘴鹬在中国	27.00
广东湛江雷州湾湿地	雷州湾湿地保护及鸟类调查	湛江市爱鸟协会	48.38
文昌会文湿地	海南文昌会文湿地调查及保护	海南观鸟会	71.28
辽宁葫芦岛打渔山入海口湿地	大小凌河口及打渔山入海口湿地鸟类监测	葫芦岛市野生动植物湿地保护协会	9.72
河北秦皇岛石河南岛湿地	守护水鸟栖息地、修复水鸟觅食区——山海关石河南岛湿地	秦皇岛市观（爱）鸟协会	54.29
山东胶州湾河口湿地	山东青岛胶州湾受胁水鸟资源调查和湿地巡护	青岛市观鸟协会	43.63
福建兴化湾湿地	兴化湾福清区域水鸟调查及保护行动	福建省观鸟会	39.30
福建晋江围头湾湿地	泉州围头湾滨海湿地和水鸟监测与保护	厦门市雎鸠生物多样性研究中心	37.79
福建泉州湾湿地	福建泉州湾水鸟多样性调查及可持续生态养殖探讨	厦门市滨海湿地与鸟类研究中心	16.35
海南儋州湾湿地	儋州湾鸟类监测与巡护	海口畓畓湿地研究所	29.84

"最值得关注的十块滨海湿地"评选活动得到了广泛参与,切实推动了一些滨海湿地,如江苏东台条子泥和河北滦南等湿地保护行动的开展,取得了预期的效果。下面是 2017 年和 2019 年入选湿地的保护新举措和成效。

江苏如东 - 东台滩涂湿地。在 2019 年 7 月的第 43 届世界遗产大会上,中国黄(渤)海候鸟栖息地(第一期)获批入选《世界遗产名录》,包含五个保护区:江苏大丰麋鹿国家级自然保护区、江苏盐城湿地珍禽国家级自然保护区、江苏盐城条子泥市级自然保护区、江苏东台高泥湿地保护地块及江苏东台条子泥湿地保护地块。该遗产地大部分为海域,本次申遗成功也意味着中国的世界自然遗产从陆地开始走向海洋。黄(渤)海候鸟栖息地,是中国第一块、全球第二块潮间带湿地世界自然遗产,填补了中国滨海湿地类型世界自然遗产的空白(资料来源:央视新闻、中国日报网)。

河北滦南南堡湿地。该湿地已经获批成为唐山市首个省级湿地公园。河北省林业和草原局于 2020 年 1 月 26 日发文批准建立河北滦南南堡嘴东省级湿地公园,标志着滦南县自然保护地建设实现了零的突破,为中国黄(渤)海候鸟栖息地(第二期)申遗工作奠定了扎实的基础。此举将有力推动滦南湿地公园建设和管理水平,促进全县社会经济可持续发展和生态文明建设(资料来源:滦南县委)。

辽宁盘锦辽河口湿地。2018 年 8 月,盘锦市成立了"退养还湿"专项工作领导小组。2020 年 5 月 12 日至 5 月 22 日,盘锦市开展了为期 11 天的"围海养殖退出恢复海域原状"专项执法行动,拆除看护房 542 个、池塘闸门 2000 个、孵化场 28 个,达到了养殖户全部退出的预期工作目标。此次"退养还湿"面积为 4193hm^2,加上 2015 年"退养还湿"的 1533hm^2,共 5726hm^2 滨海湿地正在加快修复。"退养还湿"清理养殖池后,增加了 17.6km 自然海岸线(资料来源:盘锦市发展和改革委员会)。

天津汉沽滨海湿地。2020 年 12 月,经国家林业和草原局批准,正式建立天津滨海国家海洋公园,总面积 142.0329km^2,是在原天津大神堂牡蛎礁国家级海洋特别保护区基础上扩建而成的。这片特别保护区于 2012 年 12 月由原国家海洋局批准建立,总面积 34km^2。调整后的海洋公园保护范围达到近 142km^2。新增大神堂滩涂 29.7969km^2、IT 信息化产业园区滩涂 16.0826km^2、八卦滩滩涂 19.5313km^2、八卦滩浅海海域 17.3247km^2 和大神堂浅海海域 25.2974km^2,实现了汉沽区域滩涂的全面保护(资料来源:中国环境报)。

天津北大港湿地。2020 年北大港湿地被列入《国际重要湿地名录》,成为我国 64 处国际重要湿地之一。北大港湿地东亚 - 澳大利西亚候鸟迁徙路线的重要驿站,面积达 348.87km^2。这里同时也是中国第 319 号重点鸟区，鸟类资源丰富，国际湿地专家曾将其评为 0.996 分（接近满分）。2020 年 9 月，北大港湿地共监测到鸟类超过 279 种，包括东方白鹳、丹顶鹤、黑脸琵鹭、火烈鸟等多种珍稀鸟类。仅 2021 年春季，就迎来 80 多种、40 余万只候鸟过境，比去年同期增加 5 万多只（资料来源：天津市人民政府网、光明网、央广网）。

海南文昌会文湿地。2018 年 3 月 27 日，由海南观鸟会和 UNDP-GEF（联合国开发计划署 - 全球环境基金）海南湿地保护体系项目联合开展的"海南文昌会文湿地调查及保护项目"结果公布，该湿地红树林软体动物种数居全国第二，珍稀濒危鸟种有国家二级保护动物 6 种，分别是黑翅鸢、游隼、黄嘴白鹭、小青脚鹬、领角鸮和褐翅鸦鹃，以及被列入 IUCN 易危动物的大滨鹬和近危动物的红腹滨鹬。共记录鸟类 61 种，林鸟 19 种、水鸟 39 种、依赖湿地鸟类 3 种。鸟类数量最多的是鸻鹬类 4936 只，占所有鸟类数量的 90.49%（资料来源：南海网）。

沿海湿地干扰指数及干扰状况评估

第四章

中国沿海湿地保护绿皮书（2021）

本章主笔作者：段后浪

根据《中国沿海湿地保护绿皮书（2017）》的评估结果，滨海湿地的健康状况不佳，34%的国家级湿地自然保护区处于亚健康状态。沿海 35 个国家级自然保护区湿地健康指数评估得分平均为 63.6 分，整体达到健康状态；但处于非常健康状态的保护区仅有 1 个（占 3%），大部分保护区处于健康（占 63%）或亚健康（占 34%）状态。我国沿海湿地的保护状况并不理想，湿地仍在多个方面受到人类活动的威胁。因此，评估沿海 35 个国家级自然保护区所受到的威胁必要且迫切。

美国环境保护局 1998 年使用生态风险评估方法——三步框架法（three-step framework）量化了美国佛罗里达州湿地受到的干扰程度（USEPA，1998），该指数能够反映湿地生态系统受到的干扰程度及变化趋势，并能从不同的时间和空间尺度对湿地生态系统进行评价和比较，因此得到了广泛关注。目前该方法在国内已经应用于评估太湖流域（Xu et al.，2016）、滨海湿地（黄河三角洲、渤海湾）面临的风险程度（Li et al.，2020；Jiang et al.，2017）。

本报告借鉴生态风险评估的做法，梳理了中国滨海湿地的主要受胁因子及其数据可获得性，建立了中国滨海湿地干扰指数（wetland disturbance index，WDI）的方法体系。并应用湿地干扰指数对沿海 35 个湿地类型国家级自然保护区（含 16 块国际重要湿地）的受干扰状况进行了评估。

一、湿地干扰指数的构建

根据《湿地公约》的定义，湿地是指天然或人工、永久或暂时的死水或流水、淡水、微咸水或碱水、沼泽地、泥炭地或水域，包括低潮时不超过 6m 的海水区（殷书柏等，2014；Ramsar Convention Secretariat，2016）。湿地是水陆相互作用形成的独特的生态系统，也是世界上最具生产力的生态系统，它在食物供给、蓄洪防旱、降解污染、调节气候、控制土壤侵蚀、保持生物多样性等方面具有重要的功能（Costanza et al.，1997；MA，2005；Mitsch and Gosselink，2015）。由于人类活动的影响，湿地面积急剧减少，功能日益衰退，湿地受到的干扰程度越来越大，成为国际普遍关注的热点（MA，2005）。

为了管理好湿地，我们迫切需要一种新的可操作性的评估方法或者评估工具，对不同空间尺度的湿地生态系统干扰程度进行横向和纵向的比较，正确认识湿地生态系统的受干扰状态，指导人们如何平衡多个具有竞争性和潜在冲突的公共目标之间的矛盾，实现湿地资源的可持续利用。

湿地干扰指数是一个评估湿地生态系统受干扰程度的综合指标。作为一种科学严谨的指数，湿地干扰指数可揭示湿地受干扰的变化及趋势，可从不同的时间和空间尺度对湿地生态系统受干扰程度进行评价和比较，从而促使公众、政府和企业等共同努力去改善与保护湿地。具体而言，湿地干扰指数具有如下作用。

（1）提供一个标准化的、定量的、透明直观的且具可扩展性的评价方法，以便管理者、NGO 和公众评估湿地生态系统所受到的干扰程度。

（2）能反映社会经济系统与湿地生态系统的内在联系，给管理者改善湿地生态系统健康状况指明方向。

（3）根据评分，可进行综合比较，评估国家级保护区不同空间尺度上的湿地管理的成效。

1. 评估指标的选择标准

指标的选取大致可以归结为两种类型（Niemeijer，2002），一种是以数据为导向，指标的选取必须要有相应的数据作为支撑；另一种是以理论为导向，力求构建理论上最佳的评估指标体系，数据的可获得性仅仅是指标选择的一个方面。本研究从中国滨海湿地干扰评估的理论与实际出发，充分考虑实际数据的可获得性，参照上述指标选择的原则，确定了本报告的指标选取标准。

（1）相关性和重要性：指标必须反映湿地生态系统状态的重要变化，或者反映有重要意义的区域性环境问题。

（2）科学性和政策性：指标必须具有明确的科学含义，基于一个易于理解且普遍接受的概念模型，能够简化复杂的生态信息；指标必须易于被公众和决策者理解，能够服务于制定政策和监测政策的实施效果。

（3）可量化和可比较：指标必须能够量化，并且可以与特定的参考状态或者通用的国内 / 国际标准相比较，以反映生态系统状态的变化。

（4）敏感性和可靠性：指标能够敏感地、及时地监测各种因素导致的生态系统变化，同时，指标还具有早期的预警作用。

（5）数据和成本：所选取的指标是否可以获得足够的数据支持，获取数据的成本是否可以接受。指标最好能够得到长期生态和环境监测项目的支持，以便能稳定地获取可靠的长期监测数据。

2. 湿地干扰状况评估方法

湿地受到的威胁包括自然和人为两个方面，量化湿地受到的威胁主要考虑湿地外部受到的干扰和湿地内部抵御外部干扰的脆弱性。外部干扰主要包括自然因素和人为因素两个方面：自然因素包括降水、温度、外来物种（互花米草）入侵；人为因素包括城市扩张、农田入侵、水质污染、道路干扰。内部脆弱性主要从湿地面积、湿地结构和湿地服务特征量化。其中，湿地结构包括斑块密度和斑块破碎化程度；湿地服务包括供给服务、支持服务、调节服务、文化服务。主要的技术路线见图 4.1。上述遴选出的湿地面临的自然和人为因素干扰指标，以及湿地面积、湿地结构和湿地服务各项指标的单项指标量化方法和数据来源见表 4.1。湿地干扰指数单项指标见专栏 4.1。

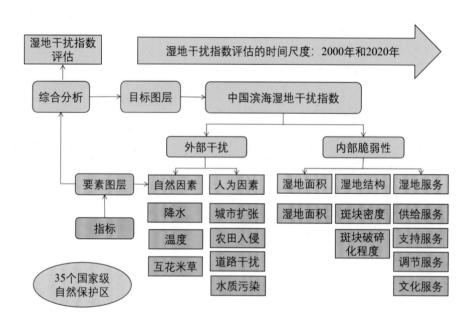

图 4.1　湿地干扰指数概念框图

表4.1　各单项指标量化方法及数据来源

I 级指标	II 级指标	量化方法	数据来源
自然因素	年降水量（−）	保护区内年降水量	2000~2020 年中国科学院资源环境科学与数据中心气象站点插值栅格数据，分辨率为 100m
	年均温（+）	保护区内年均温	
	互花米草入侵（+）	物种面积占保护区面积比例	2000~2020 年保护区互花米草栅格数据，分辨率为 100m（来源于中国科学院东北地理与农业生态研究所）
人为因素	城市扩张（+）	建设用地占保护区面积比例	2000~2020 年保护区土地利用栅格数据，分辨率为 100m（来源于中国科学院资源环境科学与数据中心）
	农田入侵（+）	农田占保护区面积比例	
	道路干扰（+）	道路面积占保护区面积比例	2000~2020 年保护区道路矢量数据（来源于中国科学院资源环境科学与数据中心）。将道路建立 50m 的缓冲区获得道路面积
	水质污染（+）	保护区水质等级	2000~2020 年中国环境质量公报、地级市水资源公报

续表

Ⅰ级指标	Ⅱ级指标	量化方法	数据来源
湿地面积	湿地面积（-）	湿地面积占保护区面积比例	2000~2020 年保护区土地利用栅格数据，分辨率为 100m（来源于中国科学院资源环境科学与数据中心），其中 2000 年盐田、养殖分布数据来中国科学院烟台海岸带研究所、2020 年养殖分布区来自华东师范大学田波团队。各斑块指数在 Fragstat 3.1 中计算获得
湿地结构	斑块密度（+）	斑块密度	
	斑块破碎化程度（+）	破碎化指数	
湿地服务	食物供给（+）	该部分的计算方法采用了《中国沿海湿地保护绿皮书（2019）》中沿海湿地价值评估部分的各服务类型计算方法，其中 2015 年的价值评估直接采用了《中国沿海湿地保护绿皮书（2019）》的结果	2000~2020 年保护区养殖面积来自土地利用栅格数据，分辨率为 100m，单位面积养殖价格来自各地级市统计年鉴
	原材料供给（+）		2000~2020 年保护区盐田面积来自土地利用栅格数据，分辨率为 100m，单位面积原盐价格来自各地级市统计年鉴
	消浪护岸（+）		2000~2020 年保护区各湿地类型面积来自土地利用栅格数据，分辨率为 100m，各湿地类型单位面积消浪护岸成本参考《中国沿海湿地保护绿皮书（2019）》
	水质净化（+）		2000~2020 年保护区各湿地类型面积来自土地利用栅格数据，分辨率为 100m，各湿地类型单位面积去除 N、P 污染物成本参考《中国沿海湿地保护绿皮书（2019）》
	蓄水调节（+）		2000~2020 年保护区水库坑塘面积来自土地利用栅格数据，分辨率为 100m，修建单位面积水库造价成本参考《中国沿海湿地保护绿皮书（2019）》
	栖息地服务（+）		2000~2020 年保护区各湿地面积来自土地利用栅格数据，分辨率为 100m，单位面积各类型湿地提供的栖息地、旅游休闲和地方感服务价值参考《中国沿海湿地保护绿皮书（2019）》
	旅游休闲（+）		
	地方感（+）		

专栏 4.1　湿地干扰指数单项指标

　　沿海湿地干扰指数主要通过湿地外部受到的威胁，以及湿地本身受到干扰后表现出的脆弱性两方面进行表达。目前已被广泛应用于量化滨海湿地、河口湿地和内陆湖泊等受到的干扰。

　　在本研究中，针对沿海湿地外部的威胁主要来自城市扩张、农田入侵、水质污染和道路干扰四个方面影响；自然方面主要表现在互花米草入侵（图 4.2）、降水和温度的影响。

　　湿地内部脆弱性主要通过湿地受到威胁后在面积、结构和生态系统功能上的变化特征来表现。湿地结构包括湿地斑块密度、斑块破碎化程度。湿地生态系统功能服务通过食物供给、原材料供给、消浪护岸、水质净化、蓄水调节、栖息地服务、旅游休闲（图 4.3）、

图 4.2　沿海湿地围垦和互花米草入侵（王建民 摄）

图 4.3　栖息地服务和旅游休闲（王建民 摄）

地方感来表征。

　　食物供给：湿地提供了丰富多样的可食用的动植物产品，如鱼、虾、贝、藻等。

　　原材料供给：主要是指湿地生态系统提供的用于人们造纸、化工、加工等生产活动的各种初级产品的服务，如用于造纸的芦苇、原盐生产等。

　　消浪护岸：主要是指滨海湿地及其植被作为第一道天然屏障，缓冲、减轻风暴潮、海浪等对近岸的冲击，削弱风暴潮前进中的破坏作用，缩减其深入陆地的覆盖面积，从而减少财产损失和人员伤亡的服务。

　　水质净化：主要是指人类生产、生活产生的废水通过地面径流、直接排放等方式进入湿地，其中的 N、P 等污染物被湿地吸收、截留，使水质得到净化和改善，从而降低人工处理成本的服务。

　　蓄水调节：湿地生态系统具有强大的蓄水功能，在洪水期间可以减少洪峰造成的损失，同时储备大量的水资源可在干旱季节提供生活、生产用水。

栖息地服务：主要是指湿地不仅维持丰富的生物多样性，还为其提供重要的产卵场、越冬场和避难所等栖息地的服务，是保证和支撑其他生态系统服务产生所必需的基础服务。

旅游休闲：主要是指湿地为人们提供旅游、观鸟、摄影、垂钓等活动的场所、机会和条件，使人们得到美学体验和精神享受的服务。

地方感：主要是指人们从在湿地附近生活、参与构成湿地景观或单纯知道这些地方和特有物种存在中获得文化认同感或者感知价值，是人们对湿地文化、精神、审美等无形价值的认知。

资料来源：于秀波和张立，2020

根据上述湿地干扰指数单项指标的遴选及其量化方法，综合所有单项指标，参考湿地退化风险评估方法（Jiang et al.，2017；Li et al.，2020）。中国滨海湿地干扰指数计算公式如下：

$$WHI=X_nW_n+X_hW_h \tag{4.1}$$

$$WVI=Y_aW_a+Y_sW_s+Y_fW_f \tag{4.2}$$

$$WDI=WHI\times WVI \tag{4.3}$$

式中，WHI 为湿地风险指数（wetland hazard index），代表保护区所受到的干扰强度；WVI 为湿地脆弱性指数（wetland vulnerability index），代表保护区受到外界干扰之后表现出的脆弱性；WDI 为湿地干扰指数（wetland disturbance index），代表保护区所受到的威胁程度，值越高表示保护区受到的威胁越大；在这里干扰因子包括自然因素和人为因素两个方面，自然因素 X_n 包括温度、降水、外来物种入侵，温度越高、降水越少、互花米草入侵面积越大，湿地面临的威胁越大；人为因素 X_h 包括保护区内城市、居民点等建设用地、农田入侵、道路干扰和近岸海水污染。W_n 和 W_h 采用等权重。

保护区的脆弱性通过保护区内湿地面积和湿地结构来表征。Y_a 表示保护区内湿地面积大小；Y_s 表示对保护区内上述湿地的斑块密度、斑块破碎化程度量化；Y_f 表示对保护区内部湿地服务（食物供给、原材料供给、消浪护岸、水质净化、蓄水调节、栖息地服务、旅游休闲、地方感）量化。W_a、W_s 和 W_f 采用等权重。

在计算之前，针对所有单项指标需要进行指标数据的归一化处理以便获取无量纲的湿地干扰指数。所有单项指标被划分为正向指标（+，对湿地的威胁是正向的）和负向指标（−，对湿地的影响是负向的）（附录1），其中正向指标处理方法如下：

$$P_{ij} = \frac{V_{ij} - \text{Min}_{(V_j)}}{\text{Max}_{(V_j)} - \text{Min}_{(V_j)}} \qquad (4.4)$$

式中，P_{ij} 是保护区 i 中的单项指标 j 归一化后的值，V_{ij} 是保护区中单项指标 j 的原始值，$\text{Min}_{(V_j)}$ 和 $\text{Max}_{(V_j)}$ 分别代表单项指标 j 在 35 个保护区中的最小值与最大值。

对于负向指标处理方法如下：

$$N_{ij} = \frac{\text{Max}_{(V_j)} - V_{ij}}{\text{Max}_{(V_j)} - \text{Min}_{(V_j)}} \qquad (4.5)$$

式中，N_{ij} 是保护区 i 中的单项指标 j 归一化后的值，V_{ij} 是保护区中单项指标 j 的原始值，$\text{Min}_{(V_j)}$ 和 $\text{Max}_{(V_j)}$ 分别代表单项指标 j 在 35 个保护区中的最小值与最大值。

标准化后的单项指标值见附录 1~附录 4。

3. 湿地干扰指数分级

根据计算得到的 2000 年和 2020 年 35 个国家级自然保护区湿地干扰指数，通过 ArcGIS 自然间断点方法对其进行分级，划分为低干扰、中干扰和强干扰三个等级。

4. 湿地干扰指数变化特征

湿地干扰指数变化特征通过两方面去量化。首先，对比 2000~2020 年湿地干扰指数的变化率。根据得到的 2000 年和 2020 年 35 个国家级自然保护区湿地干扰指数，通过式（4.6）计算 20 年以来 35 个国家级自然保护区湿地干扰指数时空变化特征，C_{ratio} 代表湿地干扰指数变化幅度，正值表示湿地干扰指数增加，负值表示减少。

$$C_{\text{ratio}} = \frac{\text{WDI}_{2020} - \text{WDI}_{2000}}{\text{WDI}_{2000}} \times 100\% \qquad (4.6)$$

其次，根据 2000 年和 2020 年湿地干扰指数的干扰等级划分，对比湿地干扰指数位于低干扰、中干扰和强干扰的数量变化与空间变化。

5. 湿地风险指数与湿地干扰指数关系

通过相关分析检验 2000 年和 2020 年湿地风险指数与湿地干扰指数之间的相关关系，揭示哪种风险因子是导致湿地干扰指数发生变化的主导因素。

二、国家级自然保护区湿地干扰状况评估

（一）35个国家级自然保护区概述

本次评估选择了沿海省份 35 个国家级自然保护区（图 4.4，表 4.2），这些保护区涉及环保

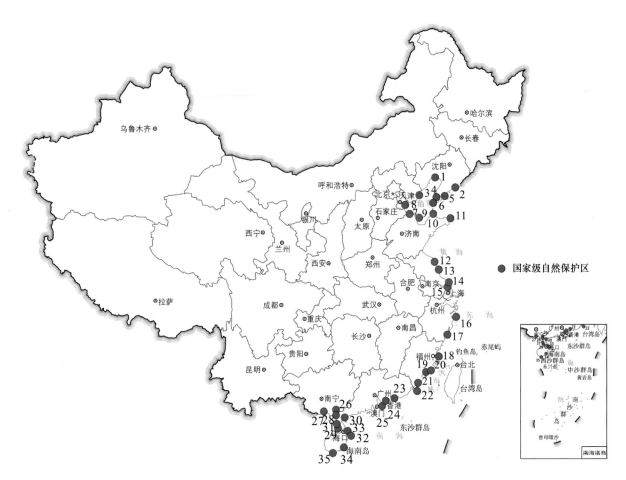

图 4.4 沿海 35 个国家级自然保护区分布图

编号对应名称见表 4.2

（6个）、海洋（17个）、林业（4个）、农业（1个）等部门，包括河口、滩涂（潮间带）、珊瑚礁、红树林、海蚀地貌等代表性湿地类型，保护面积合计 292.28 万 hm²。这 35 个保护区中有 16 块国际重要湿地和 23 块国家重要湿地，是国家林业和草原局湿地保护和恢复工程的重点关注湿地区。

表4.2　沿海35个国家级自然保护区名录

省（自治区、直辖市）	国家级自然保护区
辽宁	辽宁辽河口国家级自然保护区（1）；辽宁丹东鸭绿江口滨海湿地国家级自然保护区（2）；辽宁大连斑海豹国家级自然保护区（4）；辽宁大连城山头海滨地貌国家级自然保护区（5）；辽宁蛇岛老铁山国家级自然保护区（6）
天津	天津古海岸与湿地国家级自然保护区（8）
河北	河北昌黎黄金海岸国家级自然保护区（3）

省（自治区、直辖市）	国家级自然保护区
山东	山东滨州贝壳堤岛与湿地国家级自然保护区（7）；山东黄河三角洲国家级自然保护区（9）；山东长岛国家级自然保护区（10）；山东荣成大天鹅国家级自然保护区（11）
江苏	江苏盐城湿地珍禽国家级自然保护区（12）；江苏大丰麋鹿国家级自然保护区（13）
上海	上海崇明东滩鸟类国家级自然保护区（14）；上海九段沙湿地国家级自然保护区（15）
浙江	浙江象山韭山列岛国家级自然保护区（16）；浙江南麂列岛国家级海洋自然保护区（17）
福建	福建闽江河口湿地国家级自然保护区（18）；福建厦门珍稀海洋物种国家级自然保护区（19）；福建深沪湾海底古森林遗迹国家级自然保护区（20）；福建漳江口红树林国家级自然保护区（21）
广东	广东南澎列岛国家级自然保护区（22）；广东惠东港口海龟国家级自然保护区（23）；广东内伶仃福田国家级自然保护区（24）；广东珠江口中华白海豚国家级自然保护区（25）；广东徐闻珊瑚礁国家级自然保护区（29）；广东湛江红树林国家级自然保护区（30）；广东雷州珍稀海洋生物国家级自然保护区（31）
广西	广西山口红树林生态国家级自然保护区（26）；广西北仑河口红树林国家级自然保护区（27）；广西合浦儒艮国家级自然保护区（28）
海南	海南铜鼓岭国家级自然保护区（32）；海南东寨港国家级自然保护区（33）；海南万宁大洲岛国家级海洋生态自然保护区（34）；海南三亚珊瑚礁国家级自然保护区（35）

（二）湿地干扰状况的评估结果

1. 湿地风险指数

根据式（4.1）计算得到 2020 年 35 个国家级自然保护区湿地风险指数（wetland hazard index，WHI），该指数反映了保护区湿地受自然因素和人为因素的综合影响（图 4.5）。结果显示：2020 年 35 个国家级自然保护区湿地风险指数范围为 0.2131~0.5984，平均值为 0.3250。湿地风险指数最高的为福建厦门珍稀海洋物种国家级自然保护区，最低的为河北昌黎黄金海岸国家级自然保护区。从空间分布上来看，位于东部沿海中部的上海、浙江、福建的国家级自然保护区湿地风险指数较高，位于北部的辽宁、河北，以及南部的海南的国家级自然保护区湿地风险指数较低。

2. 湿地脆弱性指数

根据式（4.2）计算得到 2020 年 35 个国家级自然保护区湿地脆弱性指数（wetland vulnerability index，WVI）（图 4.6）。湿地脆弱性指数反映了湿地抵御外部干扰表现出的内部脆弱性，通过

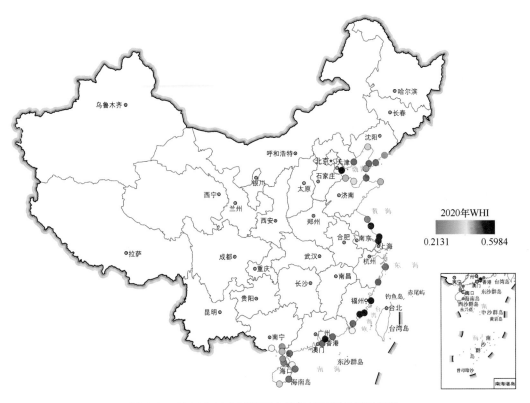

图 4.5　2020 年 35 个国家级自然保护区湿地风险指数

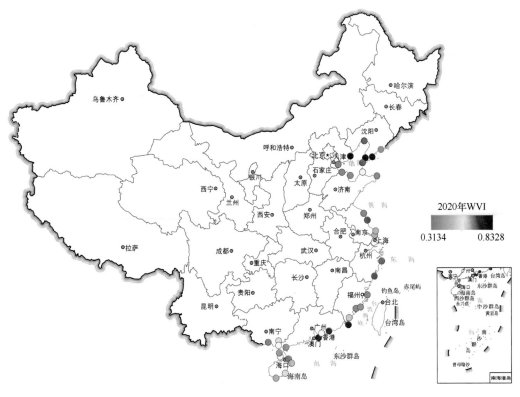

图 4.6　2020 年 35 个国家级自然保护区湿地脆弱性指数

湿地面积、结构和功能综合计算得到。结果显示：2020 年，35 个国家级自然保护区湿地脆弱性指数范围为 0.3134~0.8328，平均值为 0.6052。湿地脆弱性指数最高的为辽宁大连城山头海滨地貌国家级自然保护区，最低的为山东滨州贝壳堤岛与湿地国家级自然保护区。从空间分布上来看，湿地脆弱性指数较高的保护区主要位于辽宁、浙江和广东。

3. 湿地干扰指数

综合湿地风险指数和湿地脆弱性指数，根据式（4.3）计算得到 2020 年 35 个国家级自然保护区湿地干扰指数（wetland disturbance index，WDI）（图 4.7），并对 35 个国家级自然保护区湿地干扰指数进行了排序。结果显示：35 个国家级自然保护区湿地干扰指数范围为 0.0879~0.3676，平均值为 0.1948。湿地干扰指数最高的为福建深沪湾海底古森林遗迹国家级自然保护区最低的为山东滨州贝壳堤岛与湿地国家级自然保护区（图 4.8）。从空间分布上来看，湿地干扰指数与湿地风险指数空间分布特征相似，上海、浙江、福建的国家级自然保护区湿地

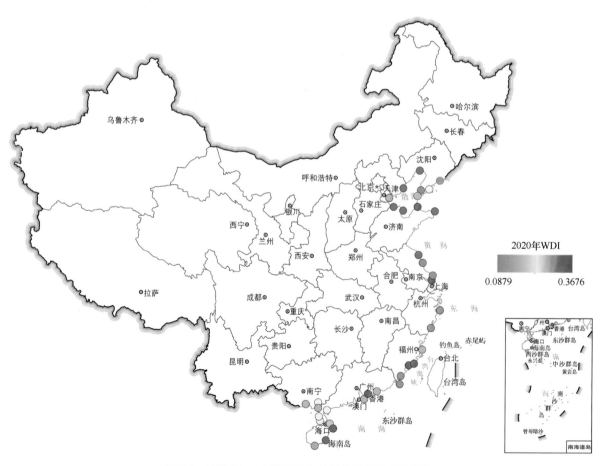

图 4.7　2020 年 35 个国家级自然保护区湿地干扰指数

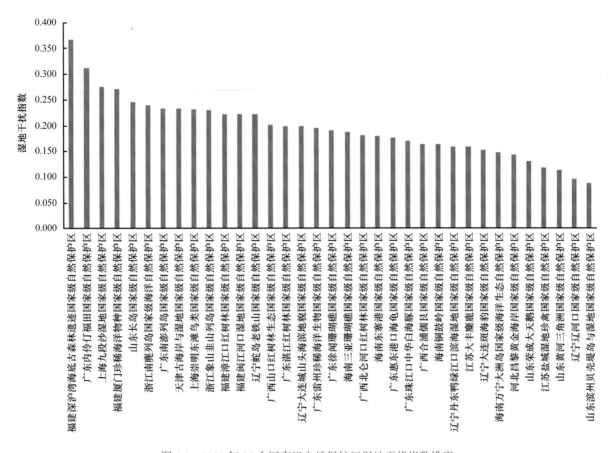

图 4.8　2020 年 35 个国家级自然保护区湿地干扰指数排序

干扰指数较高，辽宁、河北和海南的国家级自然保护区湿地干扰指数较低。总体看来，35 个国家级自然保护区湿地受干扰程度较低，为了说明保护区湿地干扰指数处于较低水平，我们以上海为例，计算上海湿地干扰指数值为 0.7241，相比之下，位于上海的崇明东滩鸟类国家级自然保护区（湿地干扰指数为 0.2315）和九段沙湿地国家级自然保护区（湿地干扰指数 0.2757）湿地干扰指数远低于上海，说明保护区湿地干扰指数值处于较低水平。

4. 湿地干扰指数分级

根据分级标准，得到湿地干扰指数分级结果（表 4.3）。湿地干扰指数处于强干扰的国家级自然保护区有 10 个，占总数的 28.57%。其中，福建厦门珍稀海洋物种国家级自然保护区、上海九段沙湿地国家级自然保护区、广东内伶仃福田国家级自然保护区和福建深沪湾海底古森林遗迹国家级自然保护区湿地干扰指数值在 0.25 以上。这 4 个保护区中大多数农田入侵面积、城市扩张面积和道路干扰面积较高，水质状况较差。其中，广东内伶仃福田国家级自然保护区城市扩张面积标准化处理后的数值达到 0.89。另外，除广东内伶仃福田国家级自然保护区，其他 3 个保护区水质均处于 V 类标准，水质状况较差。剩余 6 个保护区湿地干扰指数在 0.2 以上。

表4.3　35个保护区湿地干扰指数分级

指数区间	状态与数量	国家级自然保护区
[0.2223，0.3676]	强干扰 10 个，28.57%	福建深沪湾海底古森林遗迹国家级自然保护区 广东内伶仃福田国家级自然保护区 上海九段沙湿地国家级自然保护区 福建厦门珍稀海洋物种国家级自然保护区 山东长岛国家级自然保护区 浙江南麂列岛国家级海洋自然保护区 广东南澎列岛国家级自然保护区 天津古海岸与湿地国家级自然保护区 上海崇明东滩鸟类国家级自然保护区 浙江象山韭山列岛国家级自然保护区
[0.1589，0.2223）	中干扰 15 个，42.86%	福建漳江口红树林国家级自然保护区 福建闽江河口湿地国家级自然保护区 辽宁蛇岛老铁山国家级自然保护区 广西山口红树林生态国家级自然保护区 广东湛江红树林国家级自然保护区 辽宁大连城山头海滨地貌国家级自然保护区 广东雷州珍稀海洋生物国家级自然保护区 广东徐闻珊瑚礁国家级自然保护区 海南三亚珊瑚礁国家级自然保护区 广西北仑河口红树林国家级自然保护区 海南东寨港国家级自然保护区 广东惠东港口海龟国家级自然保护区 广东珠江口中华白海豚国家级自然保护区 广西合浦儒艮国家级自然保护区 海南铜鼓岭国家级自然保护区
[0.0879，0.1589）	低干扰 10 个，28.57%	辽宁丹东鸭绿江口滨海湿地国家级自然保护区 江苏大丰麋鹿国家级自然保护区 辽宁大连斑海豹国家级自然保护区 海南万宁大洲岛国家级海洋生态自然保护区 河北昌黎黄金海岸国家级自然保护区 山东荣成大天鹅国家级自然保护区 江苏盐城湿地珍禽国家级自然保护区 山东黄河三角洲国家级自然保护区 辽宁辽河口国家级自然保护区 山东滨州贝壳堤岛与湿地国家级自然保护区

湿地干扰指数处于中干扰的国家级自然保护区有 15 个，占总数的 42.86%。这些保护区受到的外部威胁单项指标中农田入侵与城市扩张面积、道路干扰、水质污染情况相比处于强干扰的国家级自然保护区要低。湿地干扰指数处于低干扰的国家级自然保护区有 10 个，占总数的 28.57%。这些保护区外部威胁单项指标水质状况较好，农田入侵、城市扩张等面积较低。湿地面积、结构和所提供的生态系统服务较大，尤其是辽宁丹东鸭绿江口滨海湿地国家级自然保护区、江苏盐城湿地珍禽国家级自然保护区和辽宁辽河口国家级自然保护区，湿地面积较大，是众多迁徙水鸟重要的停歇地，提供的栖息地价值很大。

从空间分布上看，湿地干扰指数处于强干扰的国家级自然保护区主要是位于天津、上海、山东、浙江、福建和广东（图 4.9）。

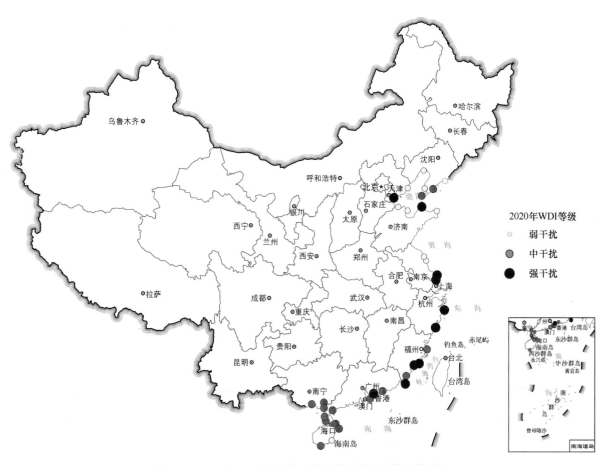

图 4.9　2020 年 35 个国家级自然保护区湿地干扰指数分级

5. 湿地干扰指数变化

对比 2000 年和 2020 年 35 个国家级自然保护区湿地干扰指数值，发现 20 年以来，超过 50% 的国家级自然保护区（19 个）湿地干扰指数值在增加（图 4.10），变化幅度为 0.2%~82.9%，均值为 18.8%，其中，海南东寨港国家级自然保护区、福建厦门珍稀海洋物种国家级自然保护区、海南铜鼓岭国家级自然保护区和海南万宁大洲岛国家级海洋生态自然保护区湿地干扰指数增加幅度为 47.6%~82.9%。这表明这些保护区受到的干扰威胁越来越大。其中湿地干扰指数增加的 19 个保护区中，2020 年湿地干扰指数处于强干扰的 10 个保护区全部在内，表示这 10 个处于强干扰状态下的保护区急需加强保护与管理，降低外部威胁强度，从而降低干扰指数值。从湿地干扰指数等级变化上看，虽然 2000 年和 2020 年多数国家级自然保护区湿地干扰指数处于低干扰和中干扰水平，但处于强干扰状态下的国家级自然保护区数量由 2000 年的 3 个增加到 2020 年的 10 个（图 4.11）。

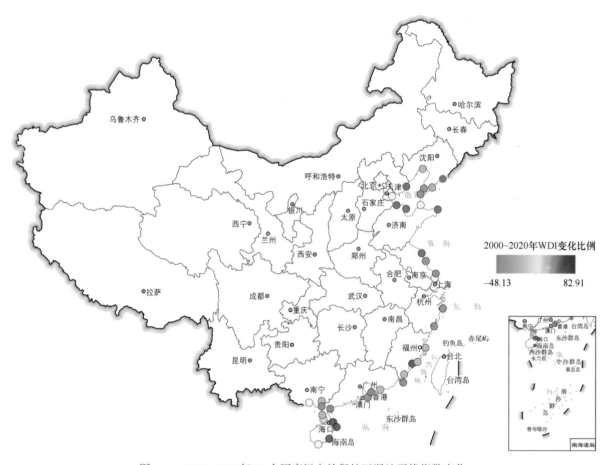

图 4.10　2000~2020 年 35 个国家级自然保护区湿地干扰指数变化

6. 湿地风险指数与湿地干扰指数关系

通过湿地风险指数与湿地干扰指数相关关系图（图 4.12）能够看出，湿地风险指数中人类活动对湿地产生的干扰较大。其中在 2000 年和 2020 年，城市扩张（$r=0.521$，$P<0.01$，2000；$r=0.636$，$P<0.01$，2020）、农田入侵（$r=0.296$，$P>0.05$，2000；$r=0.392$，$P<0.05$，2020）、道

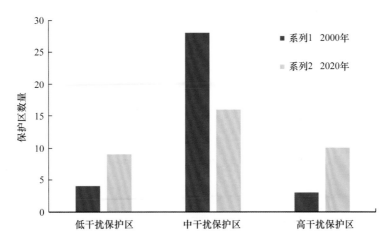

图 4.11　2000~2020 年 35 个国家级自然保护区湿地干扰指数等级变化

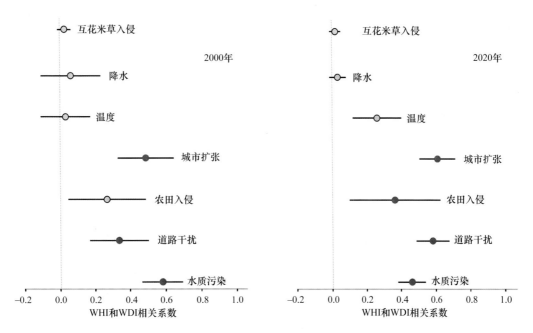

图 4.12　2000 年和 2020 年 WHI 和 WDI 之间的关系

红色代表达到显著或极显著相关关系

路干扰（r=0.355，P<0.05，2000；r=0.588，P<0.01，2020）和水质污染（r=0.587，P<0.01，2000；r=0.477，P<0.01，2020）与湿地干扰指数之间的关系达到显著或极显著水平。

三、小结与讨论

　　沿海 35 个国家级自然保护区湿地干扰指数范围为 0.0879~0.3676，平均值为 0.1948，整体受干扰程度较低。但从 2000~2020 年 35 个保护区湿地干扰指数变化来看，超过一半的保护区湿地干扰指数在增加，其中包括 2020 年湿地干扰指数处于强干扰的 10 个保护区（福建深沪湾海底古森林遗迹国家级自然保护区、广东内伶仃福田国家级自然保护区、上海九段沙湿地国家级自然保护区、福建厦门珍稀海洋物种国家级自然保护区、山东长岛国家级自然保护区、浙江南麂列岛国家级海洋自然保护区、广东南澎列岛国家级自然保护区、天津古海岸与湿地国家级自然保护区、上海崇明东滩鸟类国家级自然保护区、浙江象山韭山列岛国家级自然保护区）。人类活动相比自然因素对湿地产生的干扰更大，其中城市扩张、农田入侵、道路干扰和水质污染影响最大。后期需要减少保护区内人为干扰，加强对这些保护区的保护与管理工作。

由于各方面因素的限制，本次评估难免存在遗憾和缺陷。但本次评估是一次有益的尝试，将为今后开展更加客观、严谨的评估奠定坚实基础。我们建议后续工作在以下两方面进行改进。

（1）进一步改进评估指标的选择与量化方法。鉴于数据的可获得性，本评估在指标选择上，虽然选择的指标也能够基本涵盖沿海湿地目前所受到的威胁因子类型，但有些指标因数据尚难获取，故选择了其他指标替代。例如，原定想通过保护区内的旅游人数来量化人流量对保护区的威胁，但是在具体查找数据时很难获取保护区人流量数据，之后应通过道路矢量数据制作一定距离的影响范围来量化对保护区的影响。

（2）完善参考状态的选择标准。参考状态的选择直接影响湿地干扰指数的计算结果，选择合适的参考状态是确保评估结果客观、可靠的关键。比如地方感，如果选择全国"十三五"规划的湿地保护率目标值 50% 作为参考值，将拉低一大部分保护区的地方感的评估得分，导致湿地干扰指数值较低。

沿海湿地保护典型案例

第五章

中国沿海湿地保护绿皮书（2021）

本章主笔作者：毛德华、焉恒琦、王宗明（第一部分）、段后浪（第二部分）

一、中国沿海互花米草入侵进程遥感监测

（一）互花米草概述

互花米草为多年生草本植物，根系发达，植株茎秆坚韧、直立，有盐腺，根吸收的盐分大都由盐腺排出体外。原产于美洲、大西洋沿岸和墨西哥湾，通常生长在河口、海湾等沿海滩涂的潮间带及受潮汐影响的河滩上，并形成密集的单物种群落（Mao et al., 2019）。其对气候、环境的适应性和耐受能力很强，分布纬度跨度大，从亚热带到温带均有广泛分布，对基质条件也无特殊要求，在黏土、壤土和粉砂土中都能生长，但在河口地区的淤泥质海滩上生长最好（Landin，1991）。互花米草具有极高的繁殖能力，并兼营有性与无性繁殖，不但可以通过种子进行繁殖，根茎甚至残体也可以进行繁殖，单株一年内可繁殖几十甚至上百株（Simenstad and Thom，1995）。一般来说，有性繁殖的贡献主要体现在种群扩散和拓殖。

互花米草于 1979 年作为生态工程引入我国，用于防风护岸，促淤造陆、改良土壤、提高海滩植被覆盖度及生产力（Chung，2006）。1980 年在福建省罗源湾试种成功，并向全国沿海地区推广（徐国万等，1989；刘明月，2018）。通过阅读文献、书籍，以及专家咨询、野外调研等方式，收集了中国滨海湿地历史时期互花米草引种及分布数据。涉及省份包括天津、河北、山东、江苏、上海、浙江、福建、广东及广西（附录5）。经过 40 多年的不断发展，互花米草种群面积剧烈扩张，广泛分布于中国滨海地区，图 5.1 为中国滨海湿地互花米草野外调查图片。互花米草已成为我国滨海湿地最为重要的入侵植物（王卿等，2006），2003 年被中国环境保护部正式认定为 16 种最严重的入侵物种之一（Liu et al.，2017）。互花米草虽在一些地区起到一定的促淤造陆、保滩护岸等作用，但同时也带来了较为严重的生态后果及经济损失。

（二）互花米草分布现状

1. 互花米草遥感监测技术方法

利用长时间序列中等空间分辨率卫星 Landsat 系列 1990 年、2000 年、2010 年、2015 年、2018 年、2020 年 6 期影像数据，以滨海湿地互花米草实际调查样本为基础，建立了互花米草影像光谱和纹理特征库，基于面向对象＋支持向量的影像分类方法，完成了 2015 基准年的互花米草空间分布信息提取（图 5.2），进而基于变化检测方法，完成了历史时期 1990 年、2000 年、2010 年 3 期数据集，向后拓展，分别完成了 2018 年、2020 年数据集，最终集成构建了中

图 5.1　中国滨海湿地互花米草野外调查图片（刘明月、满卫东 摄）

1. 河北曹妃甸南堡海岸；2. 山东胶州湾滩河口；3. 天津港码头附近；4. 江苏大丰港附近；5. 江苏射阳县沿岸；6. 上海崇明东滩；7. 浙江乐清湾；8. 浙江象山下沙村沿岸；9. 福建泉州湾；10. 福建漳江口红树林国家级自然保护区；11. 广东台山；12. 广西丹兜海

国滨海长时间序列互花米草空间分布数据集。

2. 全国互花米草时空格局及动态变化

1990 年，全国互花米草面积为 43.76km^2，北起天津海河口，南至广东台山镇海湾。互花米草分布省份包括天津、河北、山东、江苏、上海、浙江、福建及广东。其中，福建、上海、

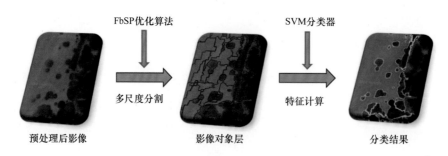

图 5.2　面向对象＋支持向量机（SVM）的互花米草提取方法

广东、江苏等沿海地区为互花米草主要分布区域，互花米草面积依次降低。互花米草呈斑块状零散分布于潮间带上，尚未形成条带状分布。

2000 年，全国互花米草面积为 256.48km²，最北端分布起点仍为天津海河口，南端至广西合浦丹兜海潮间带。除广西为监测到的新增互花米草分布省份之外，江苏、浙江及福建地域内互花米草分布范围明显扩大。江苏互花米草分布最广，面积为 130.62km²，江苏中部明显形成条带状沿岸分布，河口地区有斑块状互花米草分布；浙江、福建互花米草扩张明显，面积分别达到 45.47km² 及 44.59km²，主要海湾均存在互花米草。广东、河北及天津互花米草面积稍有下降，主要转化为养殖池。

2010 年，全国互花米草分布范围继续扩张，总面积为 430.61km²，北端向北扩散至天津北塘永定新河口，南端向广西西部海岸扩散，合浦南流江口、大风江口均有互花米草斑块分布。互花米草分布省份从北向南依次为河北、天津、山东、江苏、上海、浙江、福建、广东及广西。除了广东互花米草面积进一步下降，其余各省份互花米草面积均增长。其中，江苏、上海、浙江及福建沿海地区互花米草扩张显著，为互花米草主要分布区域。相比 2000 年，互花米草条带宽度增加，并逐步向海（垂直海岸方向）扩张。此外，在河口地区互花米草斑块沿海岸方向扩张，多呈八字形沿河流两岸分布（平行海岸方向）。海湾地区潮间带上，互花米草连片分布。

2015 年，互花米草分布范围进一步扩大，面积达 545.79km²，最北分布于河北唐山曹妃甸南堡海岸，呈斑块状零星分布；南端为广西合浦大风江河口地区，互花米草斑块明显扩大。各省份互花米草面积均有所增长，其中山东增长最快，由 2010 年的 4.47km² 增至 24.84km²，年均变化率达 91%，主要分布于河口港湾地区，黄河口互花米草扩张明显。江苏、上海、浙江及福建仍为互花米草的主要分布省份，江苏中部及杭州湾北部沿海地区互花米草条带继续向海方向推进，局部地区陆地方向一侧互花米草被垦殖明显。

　　2018 年，全国互花米草分布范围开始缩减，面积为 533.24km²。最北仍然分布于河北唐山曹妃甸南堡海岸，呈斑块状零星分布；南端为广西合浦大风江河口地区。虽然互花米草分布范围在缩减，但依然在 2015 年的 9 个省（自治区、直辖市）有分布。天津、江苏、上海及浙江这几个省份的互花米草表现为减少趋势，其中天津和浙江为互花米草减少速度最快的省份。江苏、浙江、上海、福建及山东仍为互花米草分布的主要省份，互花米草面积依次降低。

　　2020 年，全国互花米草分布范围继续缩减，总面积为 519.69km²，互花米草分布省份从北向南依次为河北、天津、山东、江苏、上海、浙江、福建、广东及广西（图 5.3）。天津、江苏、上海及浙江这几个省份的互花米草表现为减少趋势，其中天津和浙江为互花米草减少速度最快的省份。而河北和山东互花米草扩散速度均超过 70%，河北超过了 300%。互花米草的主要分布省份与 2018 年相同。

　　如表 5.1 所示，过去 30 年间互花米草变化明显。在中国沿海，1990~2015 年互花米草的面积不断扩大，2015~2020 年互花米草的面积呈现缩小趋势。由于 20 世纪 80 年代的多点种

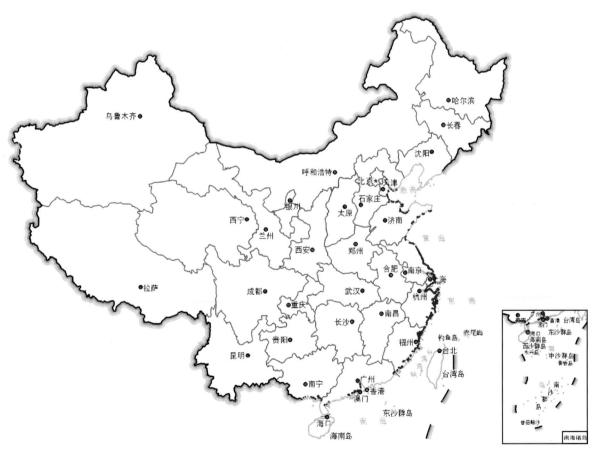

图 5.3　2020 年互花米草空间分布

红色表示互花米草分布区

植，互花米草从 1990 年的 43.76km² 持续增长到 2015 年的 545.79km²。25 年间，互花米草扩张了 502.03km²，这意味着每年平均净增加 20km²，年变化率达 46%。2015~2020 年，互花米草减少了 26.1km²。从变化速度来看，1990~2000 年互花米草变化速率最大。近年来中国南北两极滨海省份的互花米草扩张趋势明显，在气候变暖的背景下，对于互花米草生态位的研究仍需加强。

表5.1　1990~2020年互花米草面积变化及动态度

年份	面积（km²）	时间段	面积变化（km²）	年变化率（%）
1990	43.76	1990~2000	212.72	48.61
2000	256.48	2000~2010	174.13	6.79
2010	430.61	2010~2015	115.18	5.35
2015	545.79	2015~2018	−12.55	0.77
2018	533.24	2018~2020	−13.55	1.27
2020	519.69	1990~2020	475.93	36.25

3. 主要省份互花米草时空格局及动态变化

由图 5.4 可看出，在过去的 30 年间，各沿海省份互花米草的变化模式有着明显不同。1990~2020 年，仅广西、山东和福建 3 个省份互花米草呈逐年增加的趋势，其中山东互花米草扩张速度较快。广东和河北互花米草则是先减少后增加；浙江、上海和江苏 3 省份表现为先增加后减少的趋势；天津互花米草则表现为先减少后增加再减少。从地理位置来看，江苏、上海、浙江和福建 4 个中部省份经历了互花米草的急剧扩张阶段，后又扩张放缓或者缩减，而最北部（天津、河北和山东）和最南部（广东和广西）省份的贡献有限，但山东互花米草近几年

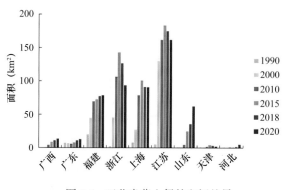

图 5.4　互花米草入侵的空间差异

急剧扩张，有超过福建互花米草的趋势。

互花米草在不同沿海省份的分布情况见表5.2。在第一个十年（1990~2000年），江苏的互花米草经历了最大扩散，面积净增加125.61km²，而最小的扩散发生在广西。但互花米草在3个省份（天津、河北和广东）的面积为净下降。在第二个十年（2000~2010年），互花米草面积增加最显著的是浙江（60.53km²），而互花米草仅在广东有所减少（1.32km²）。此外，2010~2015年，互花米草在沿海各省的面积均有所增加，其中浙江的面积增幅最大（36.82km²）。2015~2018年，互花米草面积增加最显著的是山东（10.81km²），而互花米草在天津、江苏、上海及浙江表现为减少，其中浙江减少最显著（15.85km²）。2018~2020年，互花米草面积增加最显著的是山东（26.37km²），而互花米草在天津、江苏、上海及浙江表现为减少，其中浙江减少最显著（33.23km²）。在过去30年间，江苏互花米草的扩散面积最大，侵入率为5.23km²/年，其次是浙江（3.05km²/年），而天津的净面积增加最小，仅为1.58km²。

表5.2　1990~2020年各省份互花米草面积变化　　　　　（单位：km²）

省份	1990~2000年	2000~2010年	2010~2015年	2015~2018年	2018~2020年	1990~2020年
河北	−0.23	0.03	0.21	1.02	3.91	4.94
天津	−0.13	1.12	3.06	−0.94	−1.53	1.58
山东	0.53	3.67	20.40	10.81	26.37	61.78
江苏	125.61	31.00	21.97	−8.52	−13.24	156.82
上海	19.34	51.02	22.49	−9.83	−0.51	82.51
浙江	43.29	60.53	36.82	−15.85	−33.23	91.56
福建	24.28	24.76	3.32	4.78	0.78	57.92
广东	−0.40	−1.32	2.23	3.27	1.87	5.65
广西	0.44	3.33	4.66	2.71	2.03	13.17
总计	212.73	174.14	115.16	−12.55	−13.55	475.93

图5.5显示了1990~2020年大陆沿海互花米草的分布区变化。互花米草在中国沿海被广泛观测到，主要是在中部省份。3个明显的互花米草入侵热点是江苏盐城、上海崇明和浙江宁波，净增加面积大于50km²（图5.5）。然而，在浙江杭州、广东广州和江门3个沿海城市的沿海地区，互花米草也出现了明显的萎缩。其中，江门的面积下降幅度最大（1.39km²），主要是区域水产养殖扩张占用互花米草而导致的（图5.5）。

江苏省30年间互花米草面积变化剧烈，1990~2015年增幅达3068%，年变化率达142.6%；

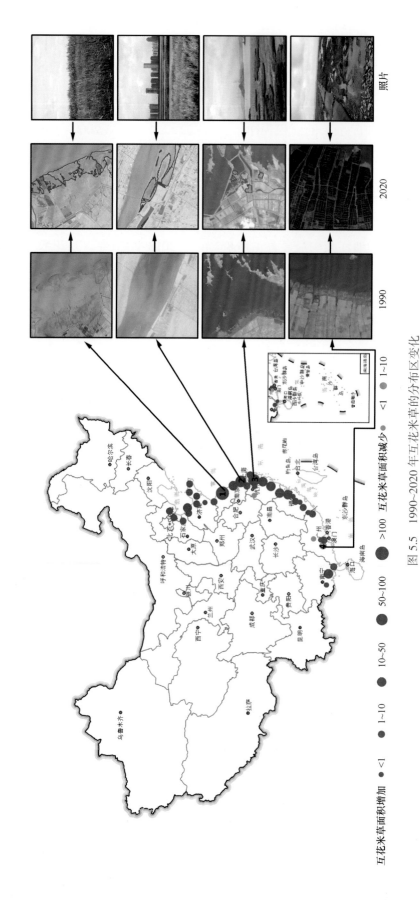

图 5.5 1990~2020 年互花米草的分布区变化

1. 江苏盐城；2. 上海崇明；3. 浙江宁波；4. 广东江门。卫星影像（短波红外、近红和红色波段）提供显著膨胀和收缩的例子，互花米草照片是 2020 年拍摄

2015~2020 年降幅 11.85%，年变化率为 2.37%；1990~2000 年互花米草年变化率最大，达到 251%，2000 年后增长缓慢，2015~2018 年年变化率达到最低，为 -2% 左右。2020 年互花米草的面积占全国互花米草总面积的 31%，说明江苏省对互花米草的治理已有效果。南通市互花米草变化情况如图 5.6 所示，1990~2015 年为如东县互花米草快速扩张期，2015 年以后，互花米草面积开始减少，这也与人为治理有一定关系；但也存在少数互花米草面积持续增长的区域，比如启东市，对互花米草持续增长的地区需要持续监测，引起重视。

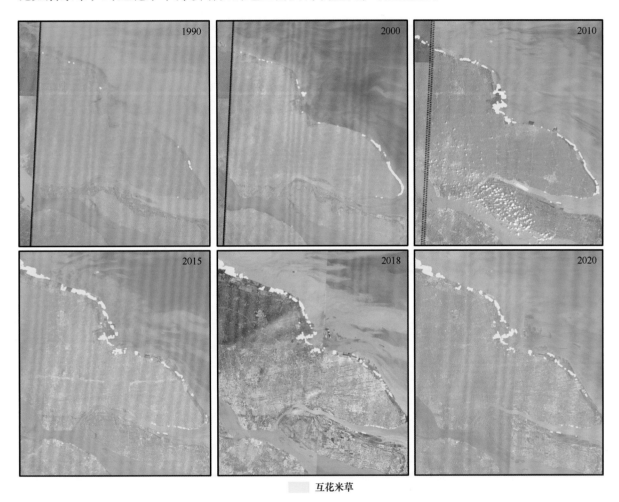

互花米草

图 5.6 江苏省互花米草变化明显地区

上海市互花米草时空格局如图 5.7 所示。1990 年上海市互花米草面积占全国互花米草总面积的 19%，主要分布丁南汇东滩沿岸；2000 年互花米草扩张明显，南汇东滩沿岸互花米草呈条带状向海推进，崇明岛北岸形成互花米草条带，九段沙形成互花米草斑块；2010 年表现为在已有互花米草的基础上扩张；2015 年互花米草面积虽然继续扩张，但增长速度开始减缓，南汇东滩互花米草被大面积开垦（图 5.8）；2018 年互花米草主要减少区域集中在崇明区、奉贤区

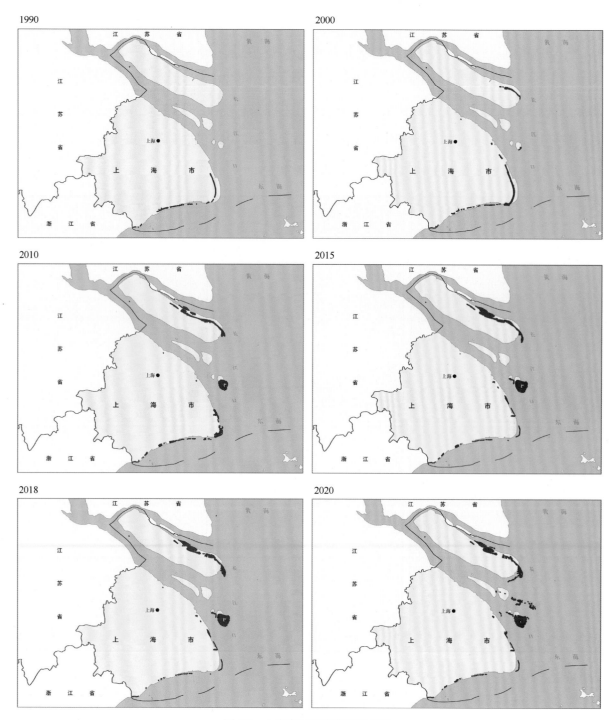

图 5.7　上海市互花米草空间分布

红色表示互花米草分布区

及金山区；2020 年互花米草新增减少地区为浦东新区，但崇明区出现明显增加现象。

　　由图 5.9 可知，浙江省互花米草入侵较严重的 3 个地区为宁波市、温州市及台州市。1990 年，各市互花米草面积均不足 1km²，且集中分布在各大港湾附近。2000 年，宁波市、台州市、

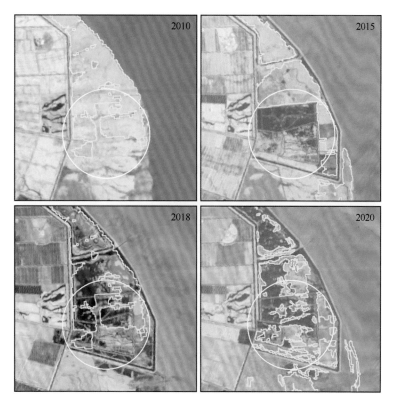

图 5.8　崇明东滩互花米草治理效果

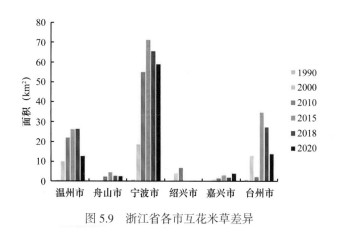

图 5.9　浙江省各市互花米草差异

温州市与绍兴市的互花米草迎来了爆发性增长，宁波市与台州市互花米草面积均超过 10km²。2010 年，宁波市、温州市、绍兴市与舟山市互花米草面积增长明显，宁波市互花米草面积增加了 3 倍左右，温州市则增加了 2 倍多；而台州市互花米草面积大幅减少。到 2015 年，除了台州市互花米草面积大幅增加，其余各市互花米草面积增加速度均减缓，甚至有些地区出现互花米草面积减少的现象。2018 年，除了温州市互花米草面积少量增加，其余各市均表现为减少。2020 年，除嘉兴市互花米草面积增加外，其他各市互花米草面积均在减少。因杭州市仅在1990年和2015年发现少量互花米草，在图5.9中无法体现。总体来说，浙江省互花米草在1990~2010年为迅速扩张期，2010~2015年为平缓增长期，2015~2020年为治理期且效果显著。

1990年，广东省互花米草主要分布于镇海湾、台山县及电白县沿海地区，占全国互花米草总面积的17%；2000年，互花米草面积有所下降，除淇澳岛及珠海沿岸互花米草扩张明显外，台山市及电白县沿海互花米草面积减少；2010年，互花米草面积进一步降低，互花米草被开垦为养殖池（图5.10），主要发生在台山市、电白县沿岸及淇澳岛，湛江市沿岸出现互花米草小斑块；2015年，互花米草面积有所增长，主要表现为原有互花米草斑块扩大；2018年，互花米草新增斑块主要分布在湛江市、江门市、珠海市、中山市和广州市；2020年，互花米草主要表现为原有互花米草斑块扩大。

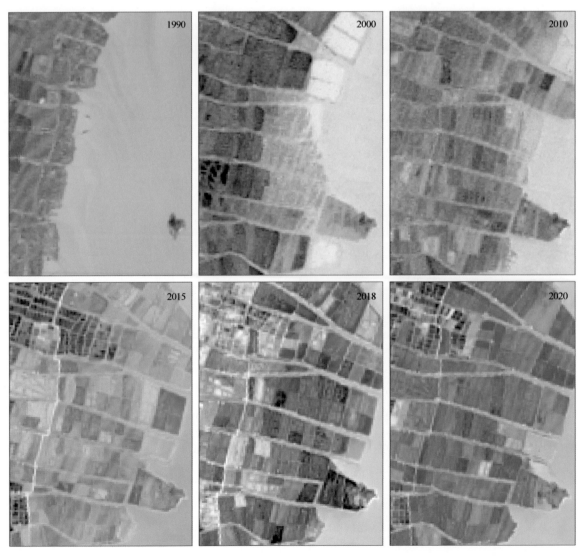

图5.10　广东台山沿岸互花米草扩张及其转化为养殖池

各地区互花米草入侵的时间、阶段与程度不同，所带来的生态效应及面临的生态问题也有所差异。例如，温州苍南沿岸台风侵袭，堤前有互花米草分布的低标准海堤却安然无损，而无互花米草分布的高标准海堤严重受损（林贻卿等，2008）；上海南汇嘴观海公园即由互花米草滩涂开垦而来，成为围填海的典范。互花米草在一些地区也表现出生态危害，比如在浙江至福建一带，因其影响蛏、贝类滩涂养殖而被称为"害草"；崇明东滩威胁土著植物海三棱藨草，而造成以雁鸭类为主的迁移鸟类食物匮乏（刘明月，2018）；东南部海岸互花米草大肆扩散后还会抑制红树林幼苗生长甚至存活（黄冠闽，2009）；破坏近海生物栖息环境，堵塞航道，影响海水交换能力，导致水质下降，诱发赤潮等。此外，自然保护区作为我国珍稀濒危物种及特有生态系统的最后避难所，一旦受到破坏，将对生物多样性保护造成不可挽回的损失。

（三）典型案例：互花米草入侵热点分析

1. 江苏省互花米草入侵状况

江苏省濒临黄海，属于平原淤泥质海岸，岸线平直又开敞，滩涂宽阔（张忍顺等，2005）。海岸带湿地分布有典型的盐生植被，包括陆生、湿生和水生植被类型及各种植物种类。2014 年《第二次全国湿地资源调查》显示，江苏省共有湿地面积 28 228km^2，占辖区面积的 28% 左右。其中自然湿地 19 488km^2，人工湿地 8740km^2，近海与海岸湿地，即滨海湿地，占全省湿地资源总面积的 39% 左右。随着沿海地区人口密度持续增加和经济社会的迅速发展，近海与海岸湿地植被受到严重威胁。特别是滩涂围垦工程的实施与外来物种的引进（图 5.11），对沿海典型植被造成严重破坏，沿海滩涂植被自然演替过程受到严重干扰。

江苏省潮滩地区的米草植被有两种类型，即英国大米草和美国互花米草（王爱军等，2006）。大米草于 1963 年被引入我国，并于 1964 年开始在江苏省潮滩栽种（仲崇信等，1985；陈宏友，1990），它适于生长在温带泥质海岸潮间带中、上部，植株的地上部分高度一般为 20~30cm，是一种开发海滩的先锋植被。互花米草于 1979 年引入我国，并于 1982 年在江苏省潮滩地区栽种（徐国万和卓荣宗，1985），是一种耐盐、耐淹的禾本科米草属多年生草本植物，植株高大、粗壮，地上部分高 1m 以上，根系发达，地下茎和须根主要密布于 30cm 以内土层内。互花米草在江苏省海岸蔓延速度非常快，经过几十年的蔓延，江苏省已成为我国互花米草分布最多的省份，虽然近 5 年有减少趋势，但依然是互花米草面积最多的省份。

互花米草在江苏省沿海地区均有分布，但分布不均，大丰区、如东县、射阳县、东台区及赣榆区有大面积互花米草分布，这几个地区的互花米草面积在 2015 年、2018 年和 2020 年分别

图 5.11　互花米草入侵情况（刘明月、满卫东 摄）

占全省互花米草总面积的 89%、90% 和 91%。此外，互花米草分布较集中的地区还有海安市、启东市、响水县、连云区及灌云县。其他市（县）的互花米草面积相对较小。

江苏省包括两个国际重要湿地，分别是盐城湿地珍禽国家级自然保护区和大丰麋鹿国家级自然保护区，均在 2002 年被列入《国际重要湿地名录》。盐城湿地珍禽国家级自然保护区是我国最大的海岸带保护区，主要湿地类型包括永久性浅海水域、滩涂、盐沼和人工湿地等，主要保护丹顶鹤等珍稀野生动物及其赖以生存的滩涂湿地生态系统；大丰麋鹿国家级自然保护区是世界上最大的麋鹿自然保护区，境内拥有大面积的滩涂、沼泽、盐碱地，动植物资源丰富，区系成分复杂，具有典型的沿海滩涂湿地生态系统及其生物多样性。这两个国际重要湿地中，互花米草入侵情况均较严重（图 5.12）。

2. 国家级自然保护区内互花米草变化

自然保护区对具有代表性的自然生态系统、珍稀濒危物种及自然遗迹的天然分布区进行保护，对于保留自然本底、储备物种、涵养水源、保持水土、改善环境和保持生态平衡等方面发挥重要作用。国家级保护区的设立通常是为了保护最为重要的自然资源。了解保护区内部互花米草入侵状况对于维护生物多样性、生态系统结构及功能具有十分重要的意义。

互花米草侵入了多个沿海地区国家级自然保护区，1990 年只有江苏盐城湿地珍禽国家级自然保护区、江苏大丰麋鹿国家级自然保护区与福建漳江口红树林国家级自然保护区监测到互

图 5.12　保护区中互花米草入侵情况（刘明月、满卫东 摄）

花米草分布；2000 年被互花米草入侵的国家级保护区增加到 5 个，新增加保护区为上海崇明东滩鸟类国家级自然保护区和广西山口红树林生态国家级自然保护区。2010 年互花米草入侵了 6 个国家级自然保护区，新增加保护区为山东黄河三角洲国家级自然保护区。不同国家级自然保护区内互花米草的变化情况如表 5.3 所示。1990~2020 年，国家级自然保护区内互花米草入侵总面积逐年递增，由 3.72 km^2 增至 192.99 km^2，增幅为 5088%，年均变化率在 170% 左右。

表5.3　1990~2020年国家级自然保护区互花米草面积　　　　（单位：km^2）

保护区	1990年	2000年	2010年	2015年	2018年	2020年
上海崇明东滩鸟类国家级自然保护区	—	4.15	13.82	13.96	15.18	10.17
山东黄河三角洲国家级自然保护区	—	—	1.63	8.15	13.59	36.63
江苏盐城湿地珍禽国家级自然保护区	3.14	103.34	108.07	115.96	111.23	103.54
江苏大丰麋鹿国家级自然保护区	0.57	49.84	42.43	46.66	47.65	39.45
福建漳江口红树林国家级自然保护区	0.01	0.37	0.56	1.35	2.12	0.84
广西山口红树林生态国家级自然保护区	—	0.44	2.29	3.75	2.84	2.36
总计	3.72	155.12	168.80	189.83	192.61	192.99

有 4 个国家级自然保护区出现明显的互花米草入侵（表 5.3），分别为江苏盐城湿地珍禽国家级自然保护区、江苏大丰麋鹿国家级自然保护区、上海崇明东滩鸟类国家级自然保护区及山

东黄河三角洲国家级自然保护区。其中，山东黄河三角洲国家级自然保护区内互花米草面积表现为持续增加的趋势；江苏大丰麋鹿国家级自然保护区内互花米草面积表现为波动增减趋势；江苏盐城湿地珍禽国家级自然保护区和上海崇明东滩鸟类国家级自然保护区内互花米草面积表现为先增加后减少。江苏盐城湿地珍禽国家级自然保护区、江苏大丰麋鹿国家级自然保护区与上海崇明东滩鸟类国家级自然保护区互花米草入侵空间分布如图 5.13 所示；山东黄河三角洲国家级自然保护区互花米草入侵空间分布如图 5.14 所示。

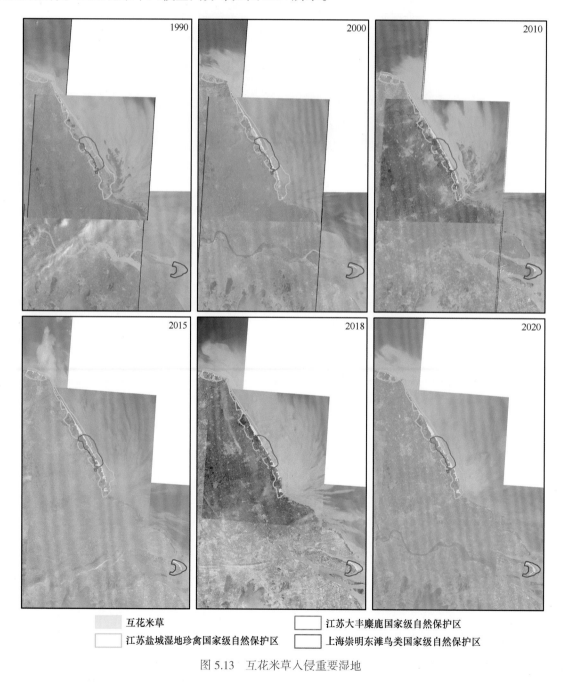

图 5.13　互花米草入侵重要湿地

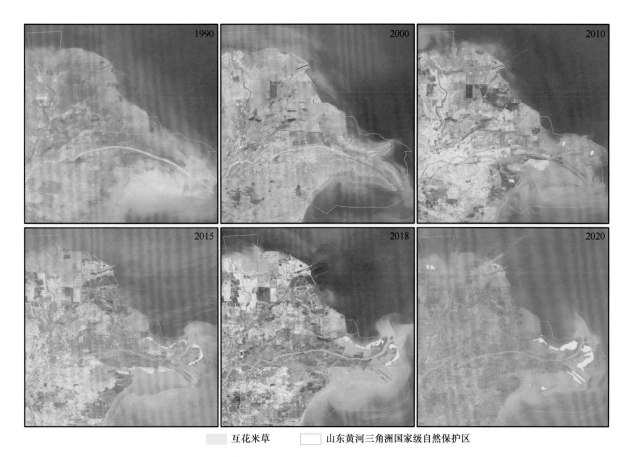

■ 互花米草　　　□ 山东黄河三角洲国家级自然保护区

图 5.14　山东黄河三角洲国家级自然保护区互花米草入侵情况

　　30 年间，不同国家级自然保护区内互花米草动态特征差异显著。国家级自然保护区内出现互花米草入侵情况需持续关注，应高度警惕其造成生态破坏，对本土植被如芦苇、海三棱藨草及红树林的影响，及时采取防控措施。

（四）互花米草的生态效益、危害与防治

1. 互花米草主要生态效益

　　1979 年互花米草引入我国，20 世纪 80 年代互花米草被广泛种植到滨海地区，足见其显著的生态效益，主要体现在以下几个方面。

　　1）防风护岸，改良土壤

　　互花米草的根系发达，植株稠密且茎秆粗壮，可以在潮滩上形成一道"生物软堤坝"（袁红伟等，2009）。涨潮时，互花米草群落能够起到降低波能和波速的作用，从而降低高潮位波浪对海岸、堤坝的冲击（图 5.15），减轻台风海浪对沿海构筑物的破坏，大幅度节省沿海堤岸的建设和维护费用。互花米草也改变了地形及土壤理化性质，由于流速降低，潮流挟带的黏

图 5.15　互花米草防风护堤（刘明月、满卫东 摄）

性细颗粒泥沙大量沉积于互花米草草滩中，因此滩面高程增加，沉积物及其含有的大量有机物促使潮间带土壤的形成和营养物质的积累，扩大土地可利用面积增加农牧业收入，降低污染治理成本等。

2）消化污染，改善滩涂生态环境

滨海地区有大面积养殖池，含有大量残饵、鱼虾蟹贝排泄物的养殖污水通过排水沟排入河中。工业、生活污水及农田大量施用化肥农药，直接或间接排入河中，河流中污染呈增加趋势。分布在河流两侧的互花米草对有机污染物有吸收、转换和分解等作用。互花米草还对粉尘具有明显的阻挡、过滤和吸附作用，对重金属及放射性元素具有较强的吸附能力，能够减轻环境污染，净化生态环境。同时，互花米草可以降低海水中的氮、磷含量，从而大大减轻水体富营养化，降低赤潮发生的可能性（陈宏友，2009）。

3）互花米草促淤造陆

涨潮时由光滩流入互花米草群落，受互花米草植株的阻挡和摩擦，潮流挟沙能力下降，一定程度上阻碍了泥沙向高潮滩堆积，有利于泥沙落淤。落潮时受互花米草植株茎叶阻挡，滩内外流速不一，水流不畅，已沉积的泥沙不易再变动，更加有利于米草滩持续淤积。久而久之，潮上带滩涂变缓并日趋平坦（图 5.16a1、a2、a3、a4）。在此过程中，米草滩外缘淤积强度一直

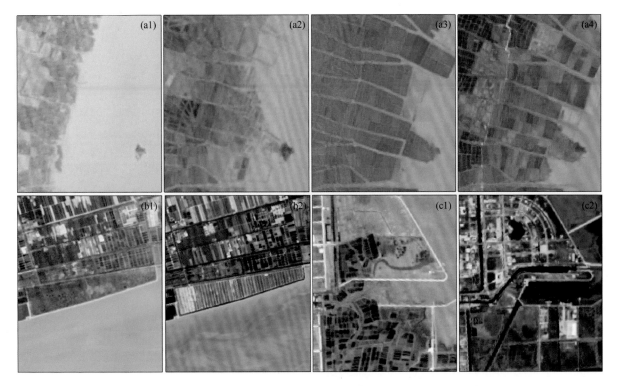

图 5.16　互花米草促淤造陆（a1、a2、a3、a4）转化为耕地（b1、b2）及人工表面（c1、c2）

比草滩内缘的大，从而加快了平均高潮线向海推进的速度。随着互花米草继续蔓延，互花米草滩成为滩涂围堰养殖的区域，滩涂围堰人工养殖效益大于自然养殖，一定程度上促进了江苏省滩涂水产养殖的发展（朱冬和高抒，2014）。图 5.16b1、b2 与 c1、c2 为互花米草转化成耕地及人工表面的遥感影像。

4）互花米草的直接利用价值

互花米草营养丰富，鲜叶含糖味甜，适口性好，牛、羊、鹅等均喜食用，可作为放牧牛羊鹅鸭的草场。干草粉碎后可作为草食畜禽及鱼类的饲饵料。互花米草可以为沙蚕等生物的生存繁衍创造条件。同时蟛蜞也得到了大量繁殖，给沿海居民增加了收入。笋螺、绯拟沼螺等生物的增加，以及互花米草种子引来了珍禽海鸟觅食栖息，改善了海滩的生态环境。此外，大面积的互花米草可以吸收大量的日光能量，降低滩涂泥沙的昼夜温差，从而改善沿海地区的气候。在全球变暖、海平面上升的大环境下，大面积的米草带能吸收大量 CO_2，放出大量 O_2。互花米草的快速促淤会抬高海岸，延缓海平面上升，这对应对全球的环境形势有积极作用。

2. 互花米草的危害与挑战

2003 年，国家环境保护部将互花米草认定为 16 种最严重的入侵物种之一，是滨海湿地中最为典型的入侵物种，其中最为典型的负面危害主要集中在以下几个方面。

1）堵塞航道，影响海水交换能力

互花米草会改变潮间带沉积物的分布规律，从而影响当地的地形地貌。高大且密集的互花米草给渔民活动带来不便，特别是泥沙在沿海闸下引河中的淤积，影响渔船通行及闸下排涝，导致沿海闸门过早废弃。互花米草在港道边的生长，使港道变狭窄，水道的宽深比缩小，堵塞航道，影响船只出港（图5.17）。互花米草破坏近海生物栖息环境，影响海水交换能力，导致水质下降。

图 5.17　互花米草堵塞航道（刘明月、满卫东 摄）

2）对本土植物的竞争压力

互花米草广布于沿海地区泥质滩涂，改变了土壤表面的光照条件及温度波动范围，对土著底栖动物的生存很不利。有些地区的互花米草会抢占翅碱蓬、芦苇等其他生物的生存空间（图5.18），导致生物多样性降低，进而影响湿地的经济效益，如影响潮间带贝类、蛤类的生活空间，以及使海带、紫菜等滩涂养殖业的面积减少等。大片密集的互花米草群落就如同在鸟类与食物间形成一道"绿色隔离带"，减少了鸟类的活动区域与取食空间，直接影响湿地内涉禽的数量和种类。随着湿地生境丧失或退化，江苏等滨海省份境内珍稀濒危植物中华水韭已多年难觅踪迹。为保护湿地生态环境、动植物重要栖息地及湿地植物资源，各省市通过建立自然保护区、实施湿地保护与恢复项目等方式，积极维护湿地生物多样性，保护珍稀濒危物种。

3）互花米草危害生态与经济

互花米草的入侵与扩散不仅影响沿海地区的自然环境和经济发展，还严重危害区域生物安全和生态系统稳定，破坏生物多样性。互花米草不同程度地侵占本土生物生存空间，导致原生

图 5.18　互花米草对本土植物的竞争（刘明月、满卫东 摄）

物群落生境空间破碎化、生物多样性下降，对迁徙水鸟生境的影响最为明显。大片密集的互花米草群落形成一道"绿色隔离带"，阻挡潮水的同时也影响着海水交换能力，导致水质下降诱发赤潮，破坏潮间带生态环境。互花米草侵占本地海洋生物繁殖与生长滩地，蟹类、贝类等生存空间减小甚至消失，对水产养殖业和旅游业造成损失。

3. 互花米草防治的探索与实践

互花米草在防风护岸、拦截泥沙等方面表现出了较好的生态效益，然而由于其有性和无性繁殖的特性及其生态位的广度，促使其在滨海滩涂上快速扩张，并对本土植被物种的威胁日益增加。虽然针对互花米草的治理存在一些争论，但针对一些典型生境的治理急需加强，当前的治理手段主要分为以下几类。

1）互花米草的物理防治

物理防治方法一般不会造成环境污染，对生物种类的影响也较小，主要包括人工去除、覆盖遮阴、刈割控制、火烧清除、水淹等措施，可限制互花米草呼吸或光合作用，最终消除植株（谢宝华和韩广轩，2018）。图 5.19 是对互花米草物理防治的现场情况。

（1）人工去除，即通过人力或简单设备去除地上植株及地下根茎。虽然操作简单且有效，但耗时且难以大面积推广。人工去除幼苗非常有效，但只要附近还有成熟的互花米草残留的根，就会再次发芽。

（2）覆盖遮阴，不仅减少光强度，还改变了光质，这是植物在竞争中最严峻的胁迫之一。遮阴透光率越低，互花米草越容易死亡。覆盖遮阴法只适用于小块互花米草，还需要考虑海风的影响。

图 5.19　互花米草物理防治与管控措施（刘明月、满卫东 摄）
1、2.崇明东滩互花米草治理；3.浙江下洋涂互花米草挖掘；4.天津互花米草去顶穗

（3）刈割控制，即直接割除地上植株。刈割的控制效果取决于互花米草生育期、刈割频率和潮滩基质特征等因素。除了孕穗期至扬花期对互花米草进行刈割有最好的控制效果，其他时期均无显著效果，甚至会助其再生。选择合适的时机可以减少刈割次数和成本。

（4）火烧清除，可去除前一年地上枯萎的植株，短期内会影响互花米草生长，但火烧后的超补偿生长现象对其有促进作用。火烧所需的助燃剂，可能带来一定的环境污染，火烧时的高温也可能对土壤生物带来负面影响。

（5）水淹，可迫使互花米草缺氧、光合作用效率下降，使植株体内贮藏的物质不断消耗从而导致生物量下降，无法进行正常生殖与生长。这种方法只能适用于潮水可以到达的区域。同时缺氧也会导致其他生物死亡，该方法代价较大。

总体来说，物理法虽然在短时间内比较有效，但是大多费时费力，并且成本也较高。互花米草对物理胁迫或干扰有很强的抵抗力，其高繁殖力也使防治频率增加。以上物理防治方法在第一个生长季能有效地抑制其生长，但并不能彻底有效根除互花米草。

2）互花米草的化学防治

化学治理一般是通过各种药物对互花米草进行灭除，目前证实有效的除草剂包括草甘膦、草铵膦、咪唑烟酸及互花米草除控剂等（李富荣等，2007；乔沛阳等，2019）。药剂的控制效果受风力、潮汐周期，以及茎叶上覆盖的沉积物等因素影响。施药部位、时间、剂量等不当可能破坏本地物种。

（1）草甘膦是国内外控制互花米草药物中唯一得到实际应用的除草剂。施用后能被植物迅速吸收，在植物体内的木质部和韧皮部中传导，对植物细胞分裂、叶绿素合成、蒸腾、呼吸及蛋白质等代谢过程产生影响，从而导致植株死亡。不同喷洒时间、喷洒方法使用该除草剂对互花米草的杀除力差别很大。

（2）草铵膦能抑制植物谷氨酰胺合成酶的活性，造成植物氮代谢失调，必需氨基酸缺乏，最终导致细胞内氨过量而中毒，随之叶绿素解体。但对成熟互花米草的灭除率不足 1/3。

（3）咪唑烟酸是广谱性除草剂，高效低毒。咪唑烟酸对一年生和多年生禾本科杂草、阔叶杂草、莎草科杂草及多种灌木和落叶乔木具有优异的除草活性。咪唑烟酸通过阻止支链氨基酸的合成从而抑制互花米草的生长，其用量仅为草甘膦的 1/10 时，便可取得同等的控制效果，对非目标河口生物没有威胁。

（4）我国也有米草净、米草星和滩涂互花米草除控剂等除草剂用于治理。滩涂互花米草除控剂传导性极强，茎叶吸收后传导到全株，然后下传到根系抑制其生长萌芽，植被无法光合作用而逐渐死亡。

应用除草剂防治互花米草通常只能清除地表以上部分，对其根系和种子的效果较差。化学防治通常被认为是不明智的，因为化学品具有一定的毒性且有残毒问题，除草剂的使用会影响土壤或本地生态系统，在杀死互花米草的同时也容易杀死其他生物，并造成环境污染，对生态系统中的动植物、生态环境，以及人类健康、经济发展等造成影响。

3）互花米草的生物防治

生物防治依据生物之间相互依存、相互制约的关系，利用一种或多种生物控制另一种生物种群的消长。具体是指从互花米草原产地引进昆虫、真菌及病原生物等天敌来抑制互花米草的生长和繁殖，从而遏制其种群的爆发。生物防治的主要风险是对非目标本土物种的影响。然而，天敌的作用极其复杂，往往对其他物种也有威胁，在生物防治中对引进天敌的效果与后果始终存在一定的争议。

117

4）互花米草的生物替代

生物替代是利用竞争力强、有生态和经济价值的本地植物取代外来入侵植物，恢复和重建合理的生态系统结构和功能，形成良性演替的生态群落。但在特定地区找出快速、有效、安全的替代种及防除方法仍是个难题，目前利用芦苇、无瓣海桑和海桑等物种对互花米草进行生物替代，但效果并不明显。

5）互花米草的综合防治

综合防治，是将机械、人工、化学、生物、替代等多个单项技术有机结合起来，取长补短，相互协调，达到综合控制互花米草的目的。综合治理并不是简单地叠加以上各种技术，而是将其融合在一起，成为系统工程。在互花米草入侵初期，可采用物理、化学法来进行治理。但选择合适的天敌进行控制，以及选用竞争力强的本地植物替代互花米草，建立新的生态平衡才是彻底解决问题的有效途径。通过发展和完善各种防治技术，综合防治技术也能得到不断地发展和完善。

（五）展望

1. 加强对互花米草的合理综合利用

当前针对互花米草的治理，无论哪种手段都需要大量的人力、物力和资金投入，由于湿地系统本身的特点，加之当前方法对生态环境潜在的破坏，难以在大尺度上推广完成。因此，加强互花米草的转化利用，是可持续的途径。互花米草传统用途主要包括用作肥料、饲料、燃料，以及改良土壤和培育食用菌等，还可以作为造纸原料。近年来，有用互花米草制沼气，从互花米草中提取"生物柴油"等研究，从而使互花米草成为一种可再生的清洁、廉价、绿色能源（沈永明，2001；陈若海，2010）。互花米草原液中含有锌、锶等14种微量元素和类黄酮，比人参中相应微量元素的含量还要多，它的多糖含量也比较丰富，可以提取其有益成分，开发医药保健产品（仲维畅，2006；袁红伟等，2009）。互花米草的幼芽还可以作为蔬菜食用（李加林等，2005）。通过科技手段，将米草资源加以合理利用，能发挥经济生态综合效益。

2. 加强对互花米草的研究和防控防治

本研究基于Landsat系列卫星影像实现了全国尺度互花米草入侵时空进程的监测，从宏观尺度上掌握了互花米草空间分布和入侵进程的特征，然而本研究为了实现长时间序列的监测，采用的是空间分辨率为30m的Landsat卫星影像，一些细小的互花米草斑块可能难以提取，因此基于高空间分辨率卫星遥感影像开展互花米草空间分布现状制图仍十分重要。

从互花米草的入侵进程可以发现，其呈现出向海和向两极扩张的趋势；由于互花米草通过有性和无性两种方式繁殖，加之我国海岸线较长，滩涂类型复杂多样，尽管沿海的自然生态环境有其自身的特点，但滨海湿地的连通性相对较好。因此对于互花米草应从源头上严控输入，早发现、早清除。互花米草的治理涉及环境、海洋、植物等领域，建议由多学科专家参与，加强基础研究和综合利用研究，提出切实可行、科学的治理方式，早日解决互花米草入侵危害。

3. 制定专门法律法规、监管监测机制

制定外来物种专门法律法规，明确规定对外来物种引入、监督管理、监测、防治机制及法律责任等。建立统一监管机制，明确监管部门，规范引种秩序；明确外来物种监管的范围、过程及途径；明确我国公民、法人在引种中承担的责任；明确防治责任，预防作为第一目标，对已入侵物种进行消除和控制，实施生态修复。

建立包括互花米草在内的外来物种入侵严控、监测机制，建立风险评价系统。对互花米草进行长期跟踪监测，摸清互花米草的区域范围、分布面积、生物量、危害等情况，评估其扩散动态、生态效应与风险，为国家和地方互花米草防控及入侵区域生态修复提供技术指导和依据。

目前，互花米草在防浪促淤工程上的应用已经取得很大的成就，但是对于互花米草的生态功能及其影响的评价方面的研究还不够成熟，需进一步研究互花米草的生态效应、控制措施，建立统一规范的科学评价体系。对互花米草进行长期观测，建立预测其种群时空变化的模型，判断其在生态系统中的发展趋势，制定良好的控制和发展措施，科学合理地综合利用互花米草资源。

二、黄渤海水鸟栖息地时空变化

中国的黄渤海湿地是东亚-澳大利西亚候鸟迁徙路线上的关键一环，每年支撑着众多的迁徙水鸟物种在此繁殖、越冬、停歇（Barter，2002；Bai et al.，2015；Xia et al.，2016）。这些物种对环境变化是极其敏感的，它们的分布范围、迁徙路线及适宜栖息地范围都会受气候变化（Steen et al.，2018）或者直接受到人类活动的影响（Xu et al.，2019；Yang et al.，2011）。最近几十年，鸟类适宜栖息地分布范围的变化越来越多地受到国际关注（Howes et al.，2019）。

黄渤海湿地尤其是中国区域由于受到人类活动的影响，大面积的滨海湿地完全降解或者转为替代生境人工湿地。原本适宜水鸟生存的生境在时间和空间上发生了很大变化。不同功能组水鸟因为生态习性不同，对不同类别栖息地的需求也不同（Wang et al.，2013；Ma et al.，2010），土地利用变化对不同功能组水鸟的影响也各不相同。因此，很有必要厘清中国黄渤海湿地变化对水鸟栖息地质量的影响，尤其是水鸟适宜栖息地在时间和空间上的变化。

如何定义和确定适宜栖息地将直接影响适宜栖息地分布范围的变化。之前的定义多数是依靠专家的经验和有限的野外调查（Zheng，2005；MacKinnon et al.，2000）。例如，由国际鸟盟在全世界范围内定义的鸟类适宜分布范围（BLI；BirdLife International and NatureServe 2016），但这些适宜栖息范围在分布精度上相对较粗，高估了适宜范围，低估了鸟类的受胁状态（Ramesh et al.，2017；Marsh et al.，2019）。

公民科学数据常常被在大的时间和空间尺度上搜集，经常被运用于定义和分析鸟类的适宜栖息地范围。公民科学数据所涉及的内容包括但不限于物种名称、调查点名称、调查点经度、调查点纬度、调查时间、种群丰度等（Ma et al.，2013）。物种分布模型能够匹配五重分布记录和栖息地环境因子之间的关系，从而确定适宜栖息地空间分布（Austin，2017）。二者之间的结合能精确地预测物种适宜栖息地（Tanner et al.，2019；Hu et al.，2017）。

本研究搜集了中国的黄渤海湿地8个关键的受胁水鸟（勺嘴鹬、大滨鹬、大杓鹬、小青脚鹬、黑脸琵鹭、黄嘴白鹭、遗鸥、黑嘴鸥）2000~2020年的分布记录。使用物种分布模型（Maxent）结合这些所选取的水鸟物种分布记录和生物气候、土地利用与地形环境因子探索黄渤海水鸟栖息地近20年间在时间及空间上的变化特征，给出亟待保护的重要区域，为沿海湿地和水鸟栖息地保护提供针对性的政策建议。

（一）黄渤海滨海湿地概况

黄渤海滨海湿地面积较大，类型丰富，具有重要的生态系统服务功能和价值。黄渤海湿地从北到南所辖省份有辽宁、河北、天津、山东、江苏（图5.20）。湿地类型主要是滩地、河口水域、河口三角洲、沿海潟湖、滩涂湿地、河渠、湖泊等，其中江苏沿岸的滩涂湿地要比另外几个省份的高得多。人工湿地主要以水稻田、盐田、养殖池塘为主。其中，滩涂湿地主要包括高潮滩、中潮滩、低潮滩和光滩。

气候分区大致以江苏为界，以北属于温带海洋性季风气候，以南为亚热带海洋性季风气

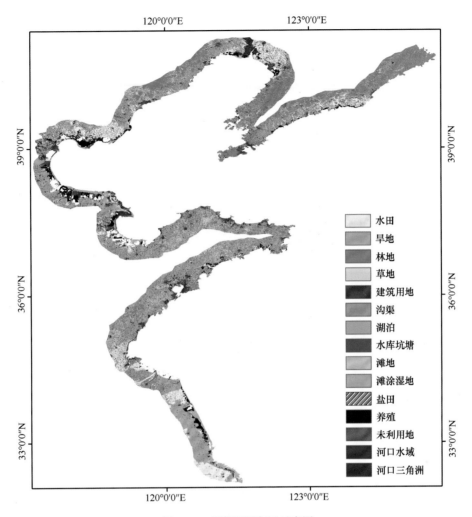

图 5.20 黄渤海研究区示意图

图例：水田、旱地、林地、草地、建筑用地、沟渠、湖泊、水库坑塘、滩地、滩涂湿地、盐田、养殖、未利用地、河口水域、河口三角洲

候。全区整体受东亚季风的影响，夏季炎热多雨，冬季温暖潮湿，日照充足，降雨丰富，相对湿度大。降水量呈现南多北少的趋势，辽宁、河北、天津、山东及江苏北部地区年均降水量为 500~1000mm，整个研究区内年均温为 5~25℃，呈南高北低的趋势，辽宁年均温最低，为 5~10℃，河北、天津、山东及江苏北部年均温为 10~15℃。

黄渤海湿地是东亚-澳大利西亚候鸟迁徙路线的重要组成部分。辽宁丹东鸭绿江口滨海湿地国家级自然保护区、辽宁辽河口国家级自然保护区、北戴河湿地、滦南南堡湿地、天津滨海新区沿岸、山东黄河三角洲国家级自然保护区、江苏连云港青口河口、江苏盐城湿地珍禽国家级自然保护区、东台条子泥等多个区域单个水鸟物种种群数量达到全球 1% 标准。包括全球极危物种勺嘴鹬（*Eurynorhynchus pygmeus*），濒危物种大滨鹬（*Calidris tenuirostris*）、小青脚鹬（*Tringa guttifer*）、大杓鹬（*Numenius madagascariensis*）、黑脸琵鹭（*Platalea minor*），易危物种黄嘴白鹭（*Egretta eulophotes*）、遗鸥（*Larus relictus*）和黑嘴鸥（*Larus saundersi*）（专栏 5.1）。

专栏 5.1　黄渤海湿地水鸟资源

2020 年黄渤海水鸟同步调查报告显示，黄渤海湿地水鸟种类 124 种，数量为 1 072 361 只。其中，鸻鹬类 802 915 只，占总数 74.87%；鸥类和燕鸥类 149 776 只，占总数的 13.97%；鹭类和鸭类 53 439 只，占总数的 4.98%；天鹅和雁鸭类 41 338 只，占总数的 3.85%；秧鸡类 13 644 只，占总数的 1.27%；其他如鸬鹚类、鹈鹕类、鸊鷉类和琵鹭、鹳类、鹤类 11 249 只，占总数的 1.05%。

黄渤海滨海湿地全球受胁物种共 15 种，包括全球极危物种白鹤、勺嘴鹬；全球濒危物种中华秋沙鸭、东方白鹳、黑脸琵鹭、小青脚鹬、丹顶鹤、大杓鹬、大滨鹬；全球易危物种鸿雁、红头潜鸭、黄嘴白鹭、白头鹤、遗鸥、黑嘴鸥。国家级野生保护水鸟 19 种。其中包括国家一级保护动物黑鹳、东方白鹳、中华秋沙鸭、白鹤、丹顶鹤、白头鹤和遗鸥；国家二级保护动物黄嘴白鹭、海鸬鹚、彩鹮、白琵鹭、黑脸琵鹭、白额雁、疣鼻天鹅、小天鹅、大天鹅、灰鹤、小杓鹬和小青脚鹬。

黄渤海滨海湿地达到全球 1% 标准的水鸟物种 51 种，分布在 16 个重要湿地。其中，江苏盐城湿地（36 种）、山东黄河三角洲湿地（23 种）、辽宁辽河口湿地（17 种）、辽宁丹东鸭绿江口湿地（10 种）、辽宁大连庄河湿地（9 种）、河北沧州沿海湿地（9 种）、辽宁葫芦岛 - 锦州沿海湿地（8 种）、河北滦南南堡湿地（7 种）、辽宁营口 - 大连地区沿海湿地（6 种）、山东滨州贝壳堤岛湿地（4 种）、浙江宁波杭州湾湿地（3 种）、辽宁大连城山头沿海湿地（2 种）、辽宁大连周边海岛（2 种）、辽宁蛇岛老铁山湿地（2 种）、河北曹妃甸湿地（2 种）和天津汉沽沿海湿地（1 种）。

资料来源：2020 年黄渤海水鸟同步调查报告。

在 2000~2015 年土地利用 / 覆被变化非常显著。主要原因是湿地围垦和外来物种入侵导致的大面积湿地类型发生转变（图 5.21）。热点区域有 5 个：①辽宁辽河口湿地，该区域 2000~2010 年，自然湿地的丧失主要以发展养殖为主，2010~2014 年，人工围垦速率最大，是 2000~2010 年扩张规模的 3 倍左右，围垦方向主要以建设大规模的港口码头和城市扩张为主。②河北曹妃甸湿地，2000~2005 年，湿地围垦的主要目的是以发展养殖为主，2005~2010 年

图 5.21　围填海和互花米草入侵（王建民 摄）

主要以建设曹妃甸工业园区为主，2010~2015 年围垦的速率开始减缓。③天津滨海新区，主要从 2005 年以后围垦速率开始加快，尤其是 2010~2014 年围垦速率最快。④山东莱州湾，2000~2015 年围海造陆速度非常快，主要目标是发展人工湿地养殖和盐田。⑤江苏如东和东台，该区域湿地围垦的热点期在 2005~2014 年，除此之外，外来物种入侵在这个区域也非常严重。

（二）评估方法与数据

使用物种分布模型软件 Maxent 3.1 分析勺嘴鹬、大滨鹬、小青脚鹬、大杓鹬、黑脸琵鹭、黄嘴白鹭、遗鸥和黑嘴鸥 8 个物种 2000 年、2015 年和 2020 年适宜栖息地分布。Maxent 模型主要的原理是使用物种已有的分布记录和对应的栖息地环境因子图层，推算出物种可能出现的分布概率（Harte and Newman，2014）。使用刀切法确定环境因子对模型的贡献率，对于每一次模型运算，随机选择 75% 的分布记录作为训练样本，选择 25% 的分布记录作为测试样本。取模型 5 次布尔运算的平均值作为最终的分布概率结果。对于模型的运行精度评价，使用 ROC 曲线下与坐标轴围成的面积（area under the curve，AUC）值作为评判标准，AUC 值高于 0.7 表明模型模拟结果是可接受的（Li et al.，2017）。

对于最后的分布概率结果图层，我们使用平均预测的概率值作为划分适宜栖息地的阈值，高于阈值部分作为适宜栖息地部分（Zeng et al.，2018）。

物种分布数据：本研究所利用的水鸟数据来源有以下几种。①鸟类调查报告：中国沿海水鸟调查报告 2005~2013；亚洲水鸟调查报告 1987~2007；黄渤海水鸟同步调查 2018~2019。②鸟类调查数据库：eBird 网站（https://ebird.org/home）、全球生物多样性信息库（GBIF）和中国观鸟记录中心（http://www.birdreport.cn/）。③公开发表和录用的文献数据。

环境因子：本研究在环境因子选择上主要以多数学者普遍使用的且对水鸟影响较大的 19 个生物气候变量（包含降水、温度变量）（Ramesh et al.，2017；Hu et al.，2017），2000 年、2015 年和 2020 年的黄渤海土地利用/覆被数据，地形因子（高程、坡度、坡向）。所有环境变量详细信息见附录 6。

（三）评估结果

1. 模型精度

8 个水鸟物种，针对每个物种分布模型运行得到 2000 年、2015 年和 2020 年 3 个时间段的栖息地适宜性概率分布图层。当模型首次运行时，剔除对模型结果贡献率低于 1% 的环境变量，剩余变量参与后面的模型运行（Li et al.，2017）。所有物种 3 个时间段的模型运行结果 AUC 值均高于 0.9，表明该模型能够较好地模拟水鸟适宜栖息地分布。

2. 水鸟适宜栖息地分布

根据 Maxent 物种分布模型确定物种适宜栖息地的方法，得到 8 个物种 2000 年、2015 年和 2020 年适宜栖息地分布范围（图 5.22）。总体上，水鸟适宜栖息地分布区域主要沿着黄渤海的沿岸湿地，分布区域除了包括一些保护区（辽宁丹东鸭绿江口滨海湿地国家级自然保护区、辽宁辽河口国家级自然保护区、山东黄河三角洲国家级自然保护区、江苏盐城湿地珍禽国家级自然保护区），渤海湾沿岸（包括滦南南堡湿地、天津滨海新区沿岸等）、莱州湾、江苏连云港沿岸，以及江苏东台和如东沿岸也都是水鸟最主要的适宜栖息地范围。对于一些濒危物种，如勺嘴鹬和黑脸琵鹭等，适宜栖息地分布区域相比其他物种在空间上更集中，面积更小。

3. 水鸟适宜栖息地分布时空变化

根据 2000 年、2015 年和 2020 年 8 个物种适宜栖息地分布范围可知，在时间上，从 2000~2020 年 8 个物种的适宜栖息地面积均在发生不同程度的下降。除勺嘴鹬外，其他 7 个物种适宜栖息地面积在 2000~2020 年降幅均超过 50%（表 5.4）。在空间上，水鸟适宜栖息地下降的区域主要分布在环渤海沿岸、江苏盐城沿岸、东台条子泥、小洋口沿岸等区域。尤其是江苏盐城沿岸，8 个物种的适宜栖息地均有下降（图 5.23）。

4. 水鸟栖息地保护优先区域

2000~2020 年 8 个水鸟物种适宜栖息地主要分布区域滩涂湿地的变化见图 5.24。其中，

124

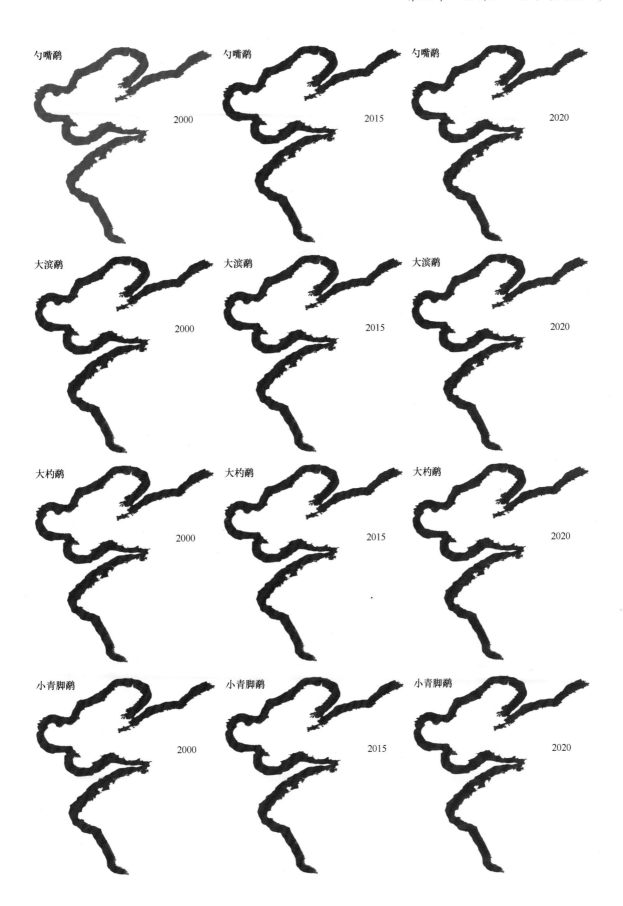

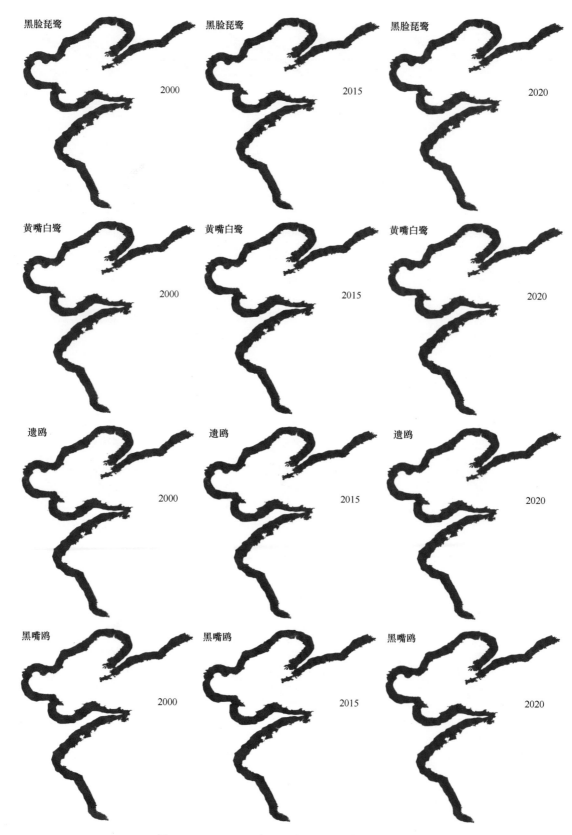

图 5.22　2000~2020 年 8 种水鸟适宜栖息地空间分布

红色表示水鸟适宜栖息地分布区

表5.4 2000~2020年8个水鸟物种适宜栖息地面积及变化比例

物种	适宜栖息地面积			变化
	2000年（hm²）	2010年（hm²）	2020年（hm²）	2000~2020年变化比例（%）
勺嘴鹬	808	647.92	493.38	−38.94
大滨鹬	3659.85	2602.47	493.38	−86.52
大杓鹬	3476.61	2148.27	1097.19	−68.44
小青脚鹬	3846.78	1961.43	1464.79	−61.92
黑脸琵鹭	1416.31	999.79	597.49	−57.81
黄嘴白鹭	3395.71	3007.6	867.39	−74.46
遗鸥	3424	2371.63	1583.01	−53.77
黑嘴鸥	1885.47	1781.83	790.61	−58.07

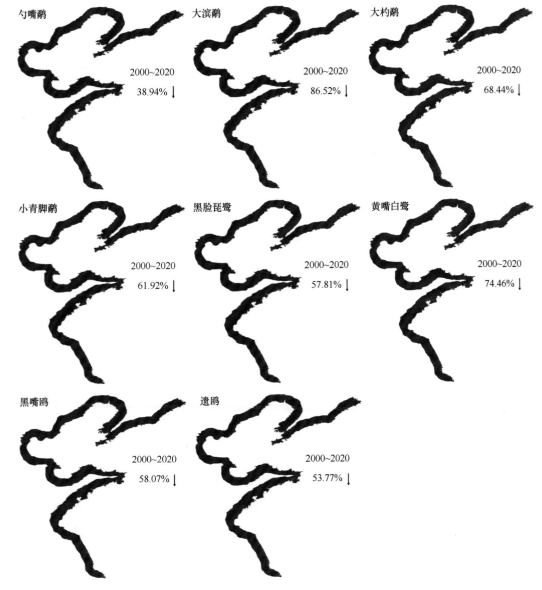

图 5.23 2000~2020 年 8 种水鸟适宜栖息地空间变化特征

红色表示减少的栖息地

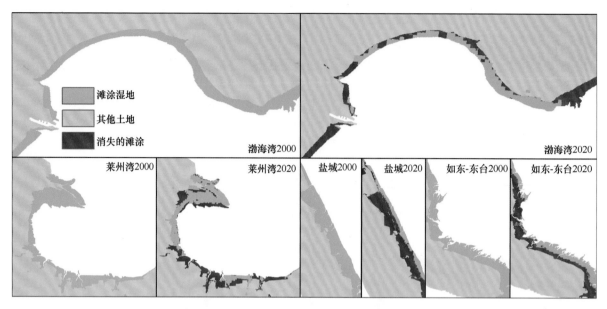

图 5.24　2000~2020 年渤海湾、莱州湾、盐城沿岸、如东 - 东台沿岸滩涂面积变化

图 5.25　2020 年 8 个物种适宜栖息地公共分布区域

红色表示栖息地公共区

渤海湾区域滩涂面积下降了 9048hm^2，莱州湾区域滩涂面积下降了 351.92hm^2，盐城沿岸滩涂湿地面积下降了 339.42hm^2，如东 - 东台沿岸滩涂湿地面积下降了 368.09hm^2。可以看出，滩涂湿地面积的下降严重影响着水鸟适宜栖息地的空间分布。

2020 年 8 个物种栖息地公共分布区面积为 240.32hm^2（图 5.25）。主要分布在盐城、如东 - 东台沿岸。目前盐城设立了国家级自然保护区，东台已被纳入世界遗产地，但如东尚未得到有效保护，因此需要优先保护如东沿岸栖息地，尽快扩增现有保护地范围。

5. 小结与讨论

本章节通过物种分布模型 Maxent 分析了 2000~2020 年 8 个受胁水鸟勺嘴鹬、大滨鹬、小青脚鹬、大杓鹬、黑脸琵鹭、黄嘴白鹭、遗鸥和黑嘴鸥适宜栖息地空间分布，探索了适宜栖息地时空变化特征，最终提出了需要亟待优先保护的栖息地分布区域。结果显示，8 个物种 2000 年、2015 年和 2020 年栖息地主要分布在辽宁丹东鸭绿江口滨海湿地国家级自然保护区、辽宁辽河口国家级自然保护区、山东黄河三角洲国家级自然保护区、江苏盐城湿地珍禽国家级自然保护区、渤海湾沿岸（包括滦南南堡湿地、天津滨海新区沿岸等）、莱州湾、江苏连云港沿岸及江苏东台和如东沿岸。近 20 年时间里，8 个物种适宜栖息地面积均在发生不同程度的下降，其中 7 个物种降幅超过 50%。这些下降的区域与栖息地分布区域一致，且这些区域滩涂湿地下降严重。江苏盐城沿岸 - 如东沿岸是 8 个物种栖息地分布的公共区域，需要优先保护如东沿岸的栖息地。

建议 1：根据所确定的栖息地优先保护区，结合目前正在开展的自然保护地优化整合工作，强化对现有滨海湿地自然保护地的优化整合工作。

在中共中央办公厅、国务院办公厅印发的《关于建立以国家公园为主体的自然保护地体系的指导意见》和自然资源部关于自然保护地整合优化等相关文件指导下。依据"保护面积不减少，保护强度不降低，保护属性不改变"的工作理念，对于如东沿岸优先保护区，可考虑进一步扩增盐城保护区的面积，增强已有保护地的保护成效。

建议 2：调动社会公众广泛参与水鸟栖息地保护，动员社会公众力量推动新增自然保护地的落地。

自然保护地的优化整合工作需要政府、非政府组织（NGO）和社会各界共同参与、支持与配合，NGO 在这方面能够发挥巨大作用。例如，针对本研究所确定的尚未保护的如东沿岸，NGO 可出资推动更多的社会公众参与水鸟及栖息地保护工作，让更多人了解对水鸟非常重要的区域目前的生态环境状况，推动有效保护。

结论与建议

中国沿海湿地保护绿皮书（2021）

本章主笔作者：夏少霞、于秀波、张立、张广帅

一、主要结论

结论1：近两年来，在顶层设计和国家政策引领下，沿海湿地保护制度和法制体系不断完善，湿地保护立法和管理体系不断健全，特别是《国务院关于加强滨海湿地保护严格管控围填海的通知》发布后，沿海湿地保护进入新的阶段，滨海湿地围垦和填海得到有效控制，并逐渐形成国家和政府主导、社会公众广泛参与的模式。

滨海湿地作为受威胁程度最高的湿地生态系统之一，在过去几十年，快速、大范围的围垦和填海造成滨海湿地面积锐减。加强滨海湿地保护，是生态文明建设的重要内容，对于维护国家生态安全，促进陆海统筹，构建海洋生态环境治理体系和推进生态文明建设具有重要意义。近年来，国家相继颁布一系列湿地保护的规范性文件，促进湿地保护落地。2018 年 7 月国务院印发了《国务院关于加强滨海湿地保护严格管控围填海的通知》，提出从严管控新增围填海造地，加快处理历史遗留问题，加强海洋生态保护修复，建立保护和管控长效机制等方面的可操作的措施。2020 年 3 月，自然资源部下发自然保护地整合优化相关文件，为提升湿地保护成效提供科学依据，自上而下启动自然保护区范围及功能分区优化调整工作；2020 年 6 月，国家发展和改革委员会、自然资源部联合印发的《全国重要生态系统保护和修复重大工程总体规划（2021—2035 年）》提出，将在海岸带开展重大生态保护修复工程。上述政策和措施，有效推动了国家层面对滨海湿地的保护和管理，取得了显著成效。"十三五"期间整治修复岸线1200km，滨海湿地 2.3 万 hm^2。此外，国家政策的实施很大程度上也促进了地方政府和公众的保护行动。例如，河北滦南南堡嘴东省级湿地公园的建立，民间组织广泛参与对滨海湿地水鸟、红树林等的调查监测，红树林基金会等参与组织管理国家级保护区，形成了以国家和政府为主导，社会公众广泛参与的多元化局面。

结论 2：我国沿海湿地，特别是环渤海湿地、华南沿海湿地仍存在明显的保护空缺，普遍面临捕捞赶海、围海养殖等威胁，急需开展针对性的保护和恢复工作。

自 2017 年以来，从湿地生态系统功能、面临威胁及紧迫性等方面陆续对尚未列入保护区的湿地进行了三次最值得关注的十块湿地评选。其中，2017 年和2019 年评选出的20 块湿地中，16 块湿地在监测调查、保护与管理方面得到了阿拉善 SEE "任鸟飞"项目的资助，同时，湿地评选也推动了各级地方政府的保护和恢复行动，江苏东台条子泥作为"中国黄（渤）海候鸟栖息地（第一期）"获批入选《世界遗产名录》，河北滦南南堡湿地成立了省级湿地公园。2020 年，天津北大港湿地被列入《国际重要湿地名录》，天津汉沽滨海湿地纳入天津滨海国家海洋公园。

2021年公众评选出的最值得关注的十块滨海湿地，北起辽宁葫芦岛兴城河口湿地，南至广西防城港山心沙岛，覆盖了海岸湿地、潮间带滩涂、河口、海湾等主要类型，地跨我国辽宁、河北、山东、江苏、上海、浙江、广东和广西8个省（自治区、直辖市）。这些滨海湿地生物多样性极其丰富，但是普遍面临捕捞赶海、围海养殖等威胁，尚未得到有效保护，需要采取有效的保护行动或措施，开展湿地保护和修复。

结论3：沿海湿地类型国家级保护区的受干扰程度总体较低，但在过去20年内有超过50%的自然保护区受干扰程度呈增加趋势，主要干扰因素包括城市扩张、农田扩大、道路干扰和水质污染等。

本报告筛选了中国滨海湿地的主要受胁因子，从外部干扰到内部脆弱性，利用13个指标建立了湿地干扰指数（wetland disturbance index，WDI），并以此评估了35个国家级自然保护区湿地（含16块国际重要湿地）的受干扰状况。结果显示：35个国家级自然保护区湿地干扰指数为0.089~0.368，湿地干扰指数平均值为0.195。湿地干扰指数处于强干扰的国家级自然保护区有10个，占总数的28.57%，湿地干扰指数处于中干扰的国家级自然保护区有15个，占总数的42.86%，湿地干扰指数处于低干扰的国家级自然保护区有10个，占总数的28.57%。过去20年间，超过50%的国家级自然保护区（19个）湿地干扰指数值在增加，变化幅度为0.2%~82.9%。

结论4：互花米草是沿海湿地的重要威胁之一，总分布面积呈现阶段变化，1990~2015年呈持续扩张趋势，年变化率达46%；2015~2020年，面积总体呈现缩小趋势。沿海省份互花米草的变化模式有明显不同，江苏、上海、浙江和福建呈扩张放缓或减少态势，河北和山东则呈扩张趋势。

本报告基于遥感解译分析了全国互花米草时空格局及不同省份的变化特征。同时，对江苏和国家级自然保护区进行了案例分析，并探讨了互花米草防治的措施。研究显示：互花米草的总分布面积呈现阶段变化，1990~2015年呈持续扩张趋势，年变化率达46%；2015~2020年，面积总体呈现缩小趋势。但是，在过去的30年间，沿海省份互花米草的变化模式有着明显不同。其中，江苏、上海、浙江和福建4省份互花米草入侵时间历史长，分布面积占比较高，变化趋势总体呈现急剧扩张—扩张放缓—面积缩减，与人为治理有关。然而，目前互花米草向北蔓延至天津、河北和山东，向南至广东和广西，尽管面积占比较小，但风险不容忽视，特别是山东，近几年互花米草急剧扩张。此外，互花米草入侵了多个保护区，其生态监测和治理极为迫切。

结论 5：沿海湿地，特别是黄渤海区域是鸻鹬类水鸟重要的繁殖地和停歇地，2000~2020年其重要物种适宜栖息地面积呈现不同程度的下降趋势，可能与滩涂湿地面积减少有关。

黄渤海湿地是东亚 - 澳大利西亚候鸟迁徙路线上的关键环节，每年支撑着众多的迁徙水鸟栖息。本研究基于勺嘴鹬、大滨鹬、大杓鹬、小青脚鹬、黑脸琵鹭、黄嘴白鹭、遗鸥、黑嘴鸥 8 种受威胁水鸟调查数据，利用物种分布模型（Maxent）模拟了 2000~2020 年水鸟适宜栖息地的时空变化特征。研究显示：除国家级保护区外，渤海湾沿岸的滦南南堡湿地、天津滨海新区沿岸、莱州湾，以及江苏连云港沿岸、东台和如东沿岸也都是水鸟最主要的适宜栖息地。勺嘴鹬和黑脸琵鹭等濒危物种的适宜栖息地分布相比其他物种在空间上更集中，面积更小。2000~2020 年其重要物种适宜栖息地面积呈现不同程度的下降趋势，下降的区域主要分布在环渤海沿岸、江苏盐城沿岸、东台条子泥、小洋口沿岸等区域，适宜栖息地均有下降可能与滩涂湿地面积减少有关。

二、主要建议

建议 1：统筹开展空 - 天 - 地多途径的沿海湿地调查与监测，特别是对滨海潮间带湿地资源调查、旗舰物种分布、互花米草等威胁因子进行动态监测，系统开展沿海湿地变化诊断和评估，为开展沿海湿地生态保护与修复提供数据支撑。

过去一段时间，尽管我国也陆续开展了海岸带遥感解译、沿海水鸟、红树林等专题调查，然而，已有数据存在碎片化、部门化和分散化的问题，缺少区域性、系统性的科学调查与监测数据，难以为区域生态环境和经济发展提供准确的数据支撑与科学决策依据。因此，应向综合性、精细化的方向开展滨海湿地资源调查，特别是通过空 - 天 - 地多途径开展滨海潮间带湿地资源调查，对旗舰物种分布、互花米草等威胁因子进行动态监测，加强监测具有重要性、干扰强度大的湿地，同时对本报告确定的处于保护空缺的、值得关注的湿地进行跟踪监测和评估，掌握滨海湿地生态系统变化与驱动因子的本底数据，为开展滨海湿地生态保护与修复提供数据支撑。

建议 2：结合《全国重要生态系统保护和修复重大工程总体规划（2021—2035 年）》及海岸带滨海湿地生态修复专项整治行动，对重要湿地和水鸟栖息地进行针对性保护和恢复，推动沿海湿地系统保护与修复。

如何应对滨海湿地生态系统退化，并通过滨海湿地生态系统保护、恢复与合理利用达到生态系统服务的最大化是当前滨海湿地保护管理中面临的重要问题。然而，由于缺乏充分的湿地保护和恢复技术，部分湿地恢复所采取的措施不合理，如重经济效益，轻生态效益；重景观改造，轻生态功能。建议加强滨海湿地保护和修复技术研发，在实施海岸带生态修复"碧海蓝天"工程中，优先开展自然湿地的修复，通过近自然的方式，以本土植被和动物的保护与恢复为目标，实现栖息地改造和修复；对作为重要水鸟栖息地的湿地围垦区域，进行针对性保护和恢复，使其逐渐恢复生态功能；加强受损岸线岸滩整治与修复，增加自然岸线；对外来物种互花米草入侵严重区域，开展物理和生态方式相结合的治理模式；总结优化滨海湿地保护和修复的模式，应用于滨海湿地修复工程，为滨海湿地综合治理提供范本。

建议 3：结合自然保护地优化整合工作，将湿地保护优先区且干扰强度大的区域纳入新增或扩增保护地范围，填补现有湿地保护空缺，助力"十四五"期间湿地保护率提高至 55%。

在《关于建立以国家公园为主体的自然保护地体系的指导意见》和《关于做好自然保护区范围及功能分区优化调整前期有关工作的函》的政策指导下，加强滨海湿地保护，提高湿地保护率。对本报告确定的最值得关注的十块湿地及尚未处于保护区的重要物种的适宜栖息地，探讨通过湿地公园、保护小区的形式开展保护；同时，结合保护地优化整合工作，推动对一些保护价值高的且尚未保护的区域新建自然保护地。例如，本报告中指出的江苏连云港兴庄河口湿地、上海南汇东滩湿地和广西防城港山心沙岛等一些具有独特价值、关键的栖息地；强化对干扰强度高的湿地区域及受胁物种的关键栖息地的监测和巡护；增强已有保护地的保护和管理能力的建设。

建议 4：组织开展对沿海保护区管理部门、非政府组织和志愿者的专业培训，提高其参与沿海湿地水鸟及专项调查的能力，促进民间保护力量的成长。调动社会公众广泛参与水鸟栖息地保护，动员社会公众力量推动新增自然保护地的落地。

保护区的常规监测和调查是湿地监测的重要组成部分，可形成规范、系统的调查数据。当前沿海水鸟同步调查、黄渤海水鸟同步调查，以及"任鸟飞"的地块巡护等活动取得了良好的社会影响，为滨海湿地保护提供了宝贵的一手数据，正逐渐成为沿海生态保护的中坚力量。定期组织开展对沿海保护区、非政府组织和志愿者的专业培训，将有效提高其参与沿海湿地水鸟及专项调查的能力。此外，充分调动公众广泛参与水鸟栖息地保护的积极性，例如，现有保护空缺和受威胁湿地，鼓励非政府组织通过小额赠款方式，参与湿地的保护和管理，调动社会公众广泛参与水鸟栖息地保护，动员社会公众力量推动新增自然保护地的落地。

附 录

中国沿海湿地保护绿皮书（2021）

附录 1 35 个国家级自然保护区 2000 年湿地外部风险指标标准化结果

序号	保护区名称	互花米草入侵	年降水量	年均温度	农田入侵	城市扩张	道路干扰	水质污染
1	辽宁大连斑海豹国家级自然保护区	0.0000	0.9122	0.3238	0.0000	0.0002	0.0003	0.5000
2	辽宁大连城山头海滨地貌国家级自然保护区	0.0000	0.9369	0.3517	0.0000	0.0000	0.0000	0.5000
3	福建闽江河口湿地国家级自然保护区	0.0000	0.4656	0.7244	0.0440	0.0000	0.0000	0.7500
4	福建厦门珍稀海洋物种国家级自然保护区	0.0083	0.4287	0.8008	0.4309	0.2444	0.0706	0.7500
5	福建漳江口红树林国家级自然保护区	0.1461	0.4665	0.8114	0.0831	0.0000	0.0012	0.7500
6	广东惠东港口海龟国家级自然保护区	0.0000	0.2981	0.8355	0.0000	0.0000	0.0127	1.0000
7	广东雷州珍稀海洋生物国家级自然保护区	0.0000	0.4763	0.8620	0.0000	0.0000	0.0000	1.0000
8	广东内伶仃福田国家级自然保护区	0.0000	0.2846	0.8349	0.0000	0.7657	0.2581	1.0000
9	广东湛江红树林国家级自然保护区	0.0000	0.5016	0.8664	0.1928	0.0656	0.0476	0.5000
10	广东珠江口中华白海豚国家级自然保护区	0.0000	0.2928	0.8197	0.0000	0.0000	0.0000	1.0000
11	广西北仑河口红树林国家级自然保护区	0.0000	0.4739	0.8281	0.0662	0.0021	0.0925	0.5000
12	广西合浦儒艮国家级自然保护区	0.0000	0.5643	0.8414	0.0150	0.0020	0.0039	0.5000
13	广西山口红树林生态国家级自然保护区	0.0548	0.5696	0.8393	0.1228	0.1097	0.0159	0.5000
14	广东徐闻珊瑚礁国家级自然保护区	0.0000	0.4097	0.8764	0.0000	0.0000	0.0002	1.0000
15	海南万宁大洲岛国家级海洋生态自然保护区	0.0000	0.0441	0.8953	0.0000	0.0000	0.0000	0.0000
16	海南东寨港国家级自然保护区	0.0000	0.2690	0.8935	0.4236	0.0000	0.0192	0.5000
17	海南三亚珊瑚礁国家级自然保护区	0.0000	0.4313	0.9498	0.0106	0.0025	0.0056	0.2500
18	海南铜鼓岭国家级自然保护区	0.0000	0.2188	0.8919	0.0525	0.0000	0.0318	0.0000
19	河北昌黎黄金海岸国家级自然保护区	0.0000	0.8893	0.3712	0.0159	0.0048	0.0062	0.5000
20	江苏大丰麋鹿国家级自然保护区	0.0000	0.7072	0.5326	0.0000	0.0000	0.0000	0.7500
21	江苏盐城湿地珍禽国家级自然保护区	0.4296	0.6824	0.5116	0.0296	0.0052	0.0110	0.7500
22	辽宁丹东鸭绿江口滨海湿地国家级自然保护区	0.0000	0.9097	0.2881	0.3999	0.0239	0.0261	0.5000
23	辽宁辽河口国家级自然保护区	0.0000	0.9125	0.2864	0.0632	0.0102	0.0459	1.0000
24	广东南澎列岛国家级自然保护区	0.0000	0.4718	0.8055	0.0000	0.0000	0.0000	0.7500
25	山东滨州贝壳堤岛与湿地国家级自然保护区	0.0000	0.9244	0.4460	0.0068	0.0136	0.0407	0.5000
26	山东黄河三角洲国家级自然保护区	0.0000	0.9345	0.4435	0.0176	0.0073	0.0300	0.5000
27	山东荣成大天鹅国家级自然保护区	0.0000	0.9002	0.4152	0.0000	0.0701	0.0851	0.7500
28	山东长岛国家级自然保护区	0.0000	0.9317	0.4123	0.0000	0.2854	0.1661	0.7500
29	上海崇明东滩鸟类国家级自然保护区	0.0333	0.6718	0.5772	0.0000	0.0000	0.0086	1.0000
30	上海九段沙湿地国家级自然保护区	0.0028	0.6713	0.5809	0.5253	0.0194	0.0184	1.0000
31	辽宁蛇岛老铁山国家级自然保护区	0.0000	0.9259	0.3705	0.0000	0.0347	0.1244	0.5000
32	福建深沪湾海底古森林遗迹国家级自然保护区	0.0000	0.4408	0.7890	0.7950	0.3802	0.1037	1.0000
33	天津古海岸与湿地国家级自然保护区	0.0000	0.9264	0.4213	1.0000	0.1269	0.1117	1.0000
34	浙江象山韭山列岛国家级自然保护区	0.0000	0.5762	0.5986	0.0000	0.0000	0.0025	1.0000
35	浙江南麂列岛国家级海洋自然保护区	0.0000	0.4710	0.6646	0.0230	0.0000	0.0097	1.0000

附录 2　35 个国家级自然保护区 2000 年湿地面积、斑块密度、破碎化程度和生态系统服务价值标准化结果

序号	保护区名称	湿地面积	湿地斑块密度	湿地破碎化程度	养殖	原盐生产	消浪护岸	水质净化	蓄水调节	栖息地服务	旅游休闲	地方感
1	辽宁大连斑海豹国家级自然保护区	0.9991	0.0282	0.0476	0.9787	0.9919	0.9992	1.0000	0.9871	0.9989	0.9996	0.9995
2	辽宁大连城山头海滨地貌国家级自然保护区	0.9699	0.0952	0.0356	1.0000	0.9983	1.0000	1.0000	0.9997	1.0000	1.0000	1.0000
3	福建闽江河口湿地国家级自然保护区	0.9867	0.2222	0.0296	0.9990	1.0000	1.0000	0.9997	0.9999	0.9997	0.9998	0.9999
4	福建厦门珍稀海洋种物种国家级自然保护区	0.1956	0.0053	0.1922	1.0000	1.0000	0.9966	0.9610	0.9595	0.9535	0.9680	0.9749
5	福建漳江口红树林国家级自然保护区	0.9261	0.0470	0.0570	1.0000	1.0000	0.9998	0.9982	0.9987	0.9979	0.9989	0.9993
6	广东惠东港口海龟国家级自然保护区	0.6824	0.0079	0.0174	1.0000	1.0000	1.0000	1.0000	1.0000	0.9999	0.9996	0.9995
7	广东雷州珍稀海洋生物国家级自然保护区	0.9608	0.0065	0.1058	1.0000	1.0000	0.9996	0.9979	0.9975	0.9996	0.9879	0.9997
8	广东内伶仃福田国家级自然保护区	0.9278	0.0186	0.0367	1.0000	1.0000	1.0000	1.0000	1.0000	0.9999	0.9996	0.9995
9	广东湛江红树林国家级自然保护区	0.3528	0.0108	0.4715	1.0000	1.0000	0.9856	0.8768	0.9488	0.8853	0.7616	0.9485
10	广东珠江口中华白海豚国家级自然保护区	0.9596	0.0049	0.0262	1.0000	1.0000	1.0000	1.0000	1.0000	0.9997	0.9992	0.9989
11	广西北仑河口红树林国家级自然保护区	0.7756	0.0140	0.0636	1.0000	1.0000	0.9993	0.9925	0.9971	0.9921	0.9938	0.9974
12	广西合浦儒艮国家级自然保护区	0.9586	0.0087	0.0588	1.0000	1.0000	0.9993	0.9914	0.9947	0.9904	0.9947	0.9969
13	广西山口红树林生态国家级自然保护区	0.8508	0.0089	0.0434	1.0000	1.0000	0.9984	0.9878	0.9918	0.9902	0.9692	0.9954
14	广东徐闻珊瑚礁国家级自然保护区	0.9185	0.0157	0.1238	1.0000	1.0000	0.9989	1.0000	0.9923	0.9860	0.9923	0.9955
15	海南万宁大洲岛国家级海洋生态自然保护区	0.9199	0.0116	0.0030	1.0000	1.0000	1.0000	1.0000	0.9976	0.9993	0.9981	0.9973
16	海南东寨港国家级自然保护区	0.0076	0.0016	0.0056	1.0000	1.0000	0.9865	0.9358	0.9702	0.9849	0.6265	0.9845
17	海南三亚珊瑚礁国家级自然保护区	0.9973	0.0098	0.0983	1.0000	1.0000	0.9998	1.0000	0.9987	0.9967	0.9969	0.9970
18	海南铜鼓岭国家级自然保护区	0.6781	0.0199	0.0000	1.0000	1.0000	0.9999	1.0000	0.9997	0.9986	0.9992	0.9996
19	河北昌黎黄金海岸国家级自然保护区	0.9987	0.0251	0.0230	0.9988	1.0000	0.9995	0.9992	0.9984	0.9996	0.9947	0.9999
20	江苏大丰麋鹿国家级自然保护区	1.0000	0.0186	0.0000	0.9975	1.0000	1.0000	1.0000	0.9997	1.0000	1.0000	1.0000

续表

序号	保护区名称	湿地面积	湿地斑块密度	湿地破碎化程度	养殖	原盐生产	消浪护岸	水质净化	蓄水调节	栖息地服务	旅游休闲	地方感
21	江苏盐城湿地珍禽国家级自然保护区	0.7034	0.0008	0.1736	0.8821	0.1285	0.8995	0.9970	0.2235	0.2689	0.5838	0.7637
22	辽宁丹东鸭绿江口滨海湿地国家级自然保护区	0.9554	0.0011	0.0446	0.9363	1.0000	0.9867	1.0000	0.9362	0.9674	0.9869	0.9924
23	辽宁辽河口国级自然保护区	0.0881	0.0000	0.0000	0.9717	1.0000	0.9439	0.7784	0.9781	0.3551	0.4052	0.7152
24	广东南澎列岛国家级自然保护区	0.9772	0.0057	0.0120	1.0000	1.0000	0.9999	1.0000	0.9983	0.9980	0.9973	0.9969
25	山东滨州贝壳堤岛与湿地国家级自然保护区	0.7906	0.0002	0.0084	0.9218	0.5499	0.9741	1.0000	0.9872	0.9166	0.9518	0.9606
26	山东黄河三角洲国家级自然保护区	0.8110	0.0017	0.0643	0.9909	0.9690	0.9726	0.6017	0.8267	0.6753	0.7681	0.8870
27	山东荣成大天鹅国家级自然保护区	0.6775	0.0072	0.0321	1.0000	1.0000	1.0000	1.0000	0.9995	0.9992	0.9811	0.9933
28	山东长岛国家级自然保护区	0.9168	0.0099	0.0222	0.9932	1.0000	0.9990	0.9961	1.0000	0.9987	0.9707	0.9982
29	上海崇明东滩鸟类国家级自然保护区	0.9160	0.0034	0.0363	0.9522	1.0000	0.9960	0.9766	0.9771	0.9830	0.9253	0.9937
30	上海九段沙湿地国家级自然保护区	0.9416	0.0111	0.2352	0.9802	1.0000	0.9930	0.9814	0.9853	0.9888	0.8270	0.9927
31	辽宁蛇岛老铁山国家级自然保护区	0.9421	0.0094	0.0365	0.9982	0.9840	0.9996	1.0000	0.9996	0.9996	0.9998	0.9997
32	福建深沪湾海底古森林遗迹国家级自然保护区	0.9634	0.0102	0.1904	1.0000	1.0000	0.9998	1.0000	0.9998	0.9974	0.9977	0.9977
33	天津古海岸与湿地国家级自然保护区	0.4193	0.0027	0.1094	0.9584	0.9637	0.9679	0.8848	1.0000	0.9538	0.1896	0.9208
34	浙江象山韭山列岛国家级自然保护区	0.9304	0.0055	0.1195	0.9797	0.9223	0.9965	1.0000	0.9660	0.9913	0.9962	0.9975
35	浙江南麂列岛国家级海洋自然保护区	0.9279	0.0128	0.1222	0.9831	1.0000	0.9984	1.0000	0.9843	0.9967	0.9988	0.9993

附录 3　35 个国家级自然保护区 2020 年湿地外部风险指标标准化结果

序号	保护区名称	互花米草入侵	年降水量	年均温度	农田入侵	城市扩张	道路干扰	水质污染
1	辽宁大连斑海豹国家级自然保护区	0.0000	0.6802	0.4876	0.0001	0.0002	0.0023	0.2500
2	辽宁大连城山头海滨地貌国家级自然保护区	0.0000	0.8118	0.3564	0.0000	0.0686	0.0262	0.2500
3	福建闽江河口湿地国家级自然保护区	0.5871	0.7047	0.7305	0.0549	0.0023	0.0073	0.5000
4	福建厦门珍稀海洋物种国家级自然保护区	0.0096	0.8461	0.7884	0.2266	1.0000	0.8684	0.5000
5	福建漳江口红树林国家级自然保护区	0.1815	0.8119	0.7804	0.0166	0.0000	0.0107	0.5000
6	广东惠东港口海龟国家级自然保护区	0.0000	0.5039	0.8185	0.0000	0.0000	0.0127	0.2500
7	广东雷州珍稀海洋生物国家级自然保护区	0.0000	0.6732	0.8858	0.0000	0.0000	0.0000	0.2500
8	广东内伶仃福田国家级自然保护区	0.0000	0.4643	0.8237	0.0000	0.8935	1.0000	0.2500
9	广东湛江红树林国家级自然保护区	0.1200	0.6570	0.8773	0.1379	0.0852	0.0717	0.2500
10	广东珠江口中华白海豚国家级自然保护区	0.0000	0.4434	0.8209	0.0000	0.0000	0.0098	0.2500
11	广西北仑河口红树林国家级自然保护区	0.0488	0.6296	0.8113	0.1108	0.1825	0.1950	0.0000
12	广西合浦儒艮国家级自然保护区	0.0000	0.6341	0.8512	0.0258	0.0002	0.0001	0.0000
13	广西山口红树林生态国家级自然保护区	0.3355	0.6329	0.8486	0.1347	0.0620	0.0152	0.0000
14	广东徐闻珊瑚礁国家级自然保护区	0.0000	0.6794	0.8983	0.0010	0.0000	0.0030	0.2500
15	海南万宁大洲岛国家级海洋生态自然保护区	0.0000	0.4807	0.9007	0.0000	0.0000	0.0000	0.0000
16	海南东寨港国家级自然保护区	0.0000	0.5921	0.8975	0.2975	0.0051	0.1240	0.0000
17	海南三亚珊瑚礁国家级自然保护区	0.0000	0.6567	0.9054	0.0000	0.0943	0.0516	0.0000
18	海南铜鼓岭国家级自然保护区	0.0000	0.5031	0.8889	0.0000	0.0044	0.1072	0.0000
19	河北昌黎黄金海岸国家级自然保护区	0.0000	0.8855	0.3669	0.0220	0.0133	0.0000	0.0000
20	江苏大丰麋鹿国家级自然保护区	0.0000	0.6893	0.5358	0.0000	0.0000	0.0000	0.2500
21	江苏盐城湿地珍禽国家级自然保护区	0.4363	0.6998	0.5075	0.0530	0.0477	0.0386	0.2500
22	辽宁丹东鸭绿江口滨海湿地国家级自然保护区	0.0000	0.6946	0.3051	0.4101	0.0690	0.0714	0.2500
23	辽宁辽河口国家级自然保护区	0.0000	0.8955	0.3282	0.2798	0.0321	0.0537	0.2500
24	广东南澎列岛国家级自然保护区	0.0000	0.7908	0.8253	0.0000	0.0000	0.0006	0.2500
25	山东滨州贝壳堤岛与湿地国家级自然保护区	0.0035	0.8804	0.4666	0.0202	0.0838	0.0887	0.2500
26	山东黄河三角洲国家级自然保护区	0.1784	0.8666	0.4696	0.0328	0.0229	0.0384	0.2500
27	山东荣成大天鹅国家级自然保护区	0.0000	0.8020	0.4032	0.0000	0.1776	0.1302	0.2500
28	山东长岛国家级自然保护区	0.0000	0.8394	0.4333	0.0000	0.3710	0.6530	0.2500
29	上海崇明东滩鸟类国家级自然保护区	0.3322	0.5935	0.5903	0.0060	0.0064	0.0547	1.0000
30	上海九段沙湿地国家级自然保护区	0.1188	0.5802	0.5949	0.4566	0.1361	0.3621	1.0000
31	辽宁蛇岛老铁山国家级自然保护区	0.0000	0.8405	0.3843	0.0000	0.3606	0.4054	0.2500
32	福建深沪湾海底古森林遗迹国家级自然保护区	0.0000	0.8864	0.7727	0.6846	0.7067	0.3346	0.5000
33	天津古海岸与湿地国家级自然保护区	0.0000	0.8691	0.4423	0.1954	0.4429	0.5029	0.5000
34	浙江象山韭山列岛国家级自然保护区	0.0000	0.6768	0.6206	0.0000	0.0000	0.0008	1.0000
35	浙江南麂列岛国家级海洋自然保护区	0.0000	0.6617	0.6776	0.0115	0.0000	0.0365	1.0000

附录 4　35 个国家级自然保护区 2020 年湿地面积、斑块密度、破碎化程度和生态系统服务价值值标准化结果

序号	保护区名称	湿地面积	湿地斑块密度	湿地破碎化程度	养殖	原盐生产	消浪护岸	水质净化	蓄水调节	栖息地服务	旅游休闲	地方感
1	辽宁大连斑海豹国家级自然保护区	0.9836	0.0039	0.1260	1.0000	0.9924	0.9995	1.0000	0.9269	0.9864	0.9701	0.9599
2	辽宁大连城山头海滨地貌国家级自然保护区	0.9983	1.0000	0.0000	1.0000	1.0000	1.0000	1.0000	1.0000	1.0000	1.0000	1.0000
3	福建闽江河口湿地国家级自然保护区	0.6252	0.0058	0.0185	0.9971	1.0000	0.9993	0.9919	0.9932	0.9909	0.9950	0.9971
4	福建厦门珍稀海洋物种国家级自然保护区	0.2620	0.0107	0.2406	0.9799	1.0000	0.9962	0.9603	0.9561	0.9536	0.9707	0.9790
5	福建漳江口红树林国家级自然保护区	0.7887	0.0372	0.0779	0.9988	1.0000	0.9997	0.9971	0.9959	0.9965	0.9976	0.9980
6	广东惠东港口海龟国家级自然保护区	0.9937	0.1999	0.0000	1.0000	1.0000	0.9999	1.0000	0.9999	0.9986	0.9992	0.9996
7	广东雷州珍稀海洋生物国家级自然保护区	0.9988	0.0425	0.0000	1.0000	1.0000	1.0000	1.0000	0.9965	0.9983	0.9952	0.9933
8	广东内伶仃福田国家级自然保护区	0.9278	0.0199	0.0000	0.9987	1.0000	1.0000	1.0000	1.0000	0.9997	0.9993	0.9990
9	广东湛江红树林国家级自然保护区	0.2928	0.0183	1.0000	0.9917	1.0000	0.9837	0.9003	0.9391	0.9145	0.7270	0.9536
10	广东江口中华白海豚国家级自然保护区	0.9998	0.1999	0.0000	1.0000	1.0000	0.9999	1.0000	0.9999	0.9986	0.9992	0.9996
11	广西北仑河口红树林国家级自然保护区	0.6768	0.0190	0.1523	0.9987	1.0000	0.9990	0.9917	0.9921	0.9907	0.9950	0.9971
12	广西合浦儒艮国家级自然保护区	0.9373	0.0076	0.0559	0.9997	1.0000	0.9990	0.9886	0.9904	0.9873	0.9928	0.9956
13	广西山口红树林生态国家级自然保护区	0.7275	0.0155	0.2024	0.9980	1.0000	0.9988	0.9915	0.9862	0.9895	0.9923	0.9933
14	广东徐闻闽珊瑚礁国家级自然保护区	0.8799	0.0147	0.1057	0.9999	1.0000	0.9986	1.0000	0.9870	0.9822	0.9897	0.9935
15	海南万宁大洲岛国家级海洋生态自然保护区	0.9335	0.0047	0.0000	1.0000	1.0000	1.0000	1.0000	0.9965	0.9983	0.9952	0.9933
16	海南东寨港国家级自然保护区	0.7560	0.0169	0.0531	0.9990	1.0000	0.9998	1.0000	0.9985	0.9992	0.9981	0.9974
17	海南三亚珊瑚礁国家级自然保护区	0.9930	0.0392	0.0000	1.0000	1.0000	0.9997	1.0000	0.9985	0.9956	0.9970	0.9977
18	海南铜鼓岭国家级自然保护区	0.9664	0.0314	0.0187	1.0000	1.0000	0.9997	1.0000	0.9983	0.9956	0.9970	0.9976
19	河北昌黎黄金海岸国家级自然保护区	0.9907	0.0298	0.0391	0.9996	1.0000	0.9996	0.9986	0.9984	0.9989	0.9897	0.9987
20	江苏大丰麋鹿国家级自然保护区	0.9996	0.0048	0.0368	0.9965	1.0000	0.9998	1.0000	0.9910	0.9991	0.9979	0.9971

续表

序号	保护区名称	湿地面积	湿地斑块密度	湿地破碎化程度	养殖	原盐生产	消浪护岸	水质净化	蓄水调节	栖息地服务	旅游休闲	地方感
21	江苏盐城湿地珍禽国家级自然保护区	0.3792	0.0011	0.2964	0.4647	0.4478	0.9118	1.0000	0.0575	0.3841	0.6100	0.7028
22	辽宁丹东鸭绿江口滨海湿地国家级自然保护区	0.7787	0.0011	0.0761	0.9729	0.9942	0.9905	1.0000	0.9553	0.9400	0.9528	0.9610
23	辽宁辽河口国家级自然保护区	0.1836	0.0010	0.0888	0.9839	1.0000	0.9472	0.8004	0.9737	0.3569	0.5719	0.7572
24	广东南澎列岛国家级自然保护区	0.9999	0.6666	0.0000	1.0000	1.0000	0.9996	1.0000	0.9974	0.9938	0.9951	0.9956
25	山东滨州贝壳堤岛与湿地国家级自然保护区	0.0250	0.0005	0.0037	0.7873	0.6994	0.9699	0.9997	0.9746	0.9503	0.9635	0.9602
26	山东黄河三角洲国家级自然保护区	0.4561	0.0014	0.1131	0.9866	0.9313	0.9301	0.2251	0.6535	0.2299	0.4543	0.7175
27	山东荣成大天鹅国家级自然保护区	0.4369	0.0049	0.0341	0.9960	1.0000	0.9993	1.0000	0.9971	0.9930	0.9901	0.9957
28	山东长岛国家级自然保护区	0.9376	0.0199	0.0741	1.0000	1.0000	0.9996	1.0000	0.9912	0.9931	0.9932	0.9930
29	上海崇明东滩鸟类国家级自然保护区	0.7950	0.0048	0.0436	1.0000	1.0000	0.9957	0.9842	0.9601	0.9441	0.9689	0.9816
30	上海九段沙湿地国家级自然保护区	0.8105	0.0069	0.0356	1.0000	1.0000	0.9920	0.9969	0.9372	0.9096	0.9221	0.9705
31	辽宁蛇岛老铁山国家级自然保护区	0.9918	0.0333	0.0000	0.9998	0.9922	0.9998	1.0000	0.9991	0.9998	1.0000	1.0000
32	福建深沪湾海底古森林遗迹国家级自然保护区	0.9390	0.0130	0.0889	0.9947	1.0000	0.9997	1.0000	0.9963	0.9972	0.9971	0.9970
33	天津古海岸与湿地国家级自然保护区	0.5625	0.0053	0.2266	0.9958	0.9844	0.9939	1.0000	1.0000	0.9451	0.9263	0.9343
34	浙江象山韭山列岛国家级自然保护区	0.9993	0.0689	0.0000	1.0000	0.9475	0.9979	1.0000	0.9676	0.9867	0.9879	0.9875
35	浙江南麂列岛国家级海洋自然保护区	0.9984	0.0714	0.0000	1.0000	1.0000	0.9974	1.0000	0.9741	0.9662	0.9792	0.9858

附录 5　中国滨海地区历史时期互花米草引种及主要分布情况

省份	详细地点	引种时间	引种及分布情况	参考文献
天津	海河入海口	1987 年	开始引种	刘伟，2007；王文生等，2002
	海河入海口	1993 年	互花米草大面积扩散	刘伟，2007
河北	唐山市柳赞镇	20 世纪 70 年代	开始引种	赵彩云等，2015
	张巨河口	1998 年	开始引种	赵彩云等，2015
	黄骅市岐口河	1998 年	由南排河养殖公司种植	赵彩云等，2015
山东	掖县	1983 年	开始引种	邓自发等，2006
	黄河口北部潮堤外	1987 年	人工引种	关道明等，2009
	仙河镇五号桩	1990 年	面积达 1200~1300m²	赵彩云等，2015
	莱州湾	2006~2008 年	面积达 95hm²	章莹，2010
	胶州湾	2006~2009 年	面积达 22hm²	章莹，2010
江苏	废黄河口	1982 年	侵蚀岸段试种互花米草	陈宏友，2009
	启东、大丰等	1983 年	开始引入	高抒等，2014
	东台等	1987~1988 年	开始引入	高抒等，2014
	江苏省	1992 年	面积达 3561hm²	刘春悦等，2009
上海	崇明东滩	1995 年	首次发现	高占国和张利权，2006；赵斌，2011
	崇明东滩	2000 年	开始引入	赵斌，2012
	九段沙	1996 年	开始引入	高抒等，2014
	九段沙	1997 年	栽种 55hm²	王东辉等，2007
	九段沙	2001~2003 年	大规模移栽	高抒等，2014
	南汇	1995 年	存在互花米草	时钟等，1998
	南汇	2004 年	2069hm²	李贺鹏等，2006
	南汇	2006 年	种植 8000 余亩互花米草	赵维光，2006
浙江	玉环县	1983 年	面积达 1600hm²	Lu and Zhang，2013
	温州灵昆岛	1985 年	引种幼苗	李玉宝等，2009
	杭州湾南岸	1983 年	开始试种	高抒等，2014
	杭州湾南岸	1995 年	快速蔓延	高抒等，2014
	杭州湾南岸	2002 年	大面积单一优势种	高抒等，2014

续表

省份	详细地点	引种时间	引种及分布情况	参考文献
福建	罗源湾	1979 年	开始引入	郑冬梅和洪荣标，2006；钦佩邓，1988
	东吾洋	1980 年 10 月	开始引入	仲维畅，2006
	闽江口鳝鱼滩	2004 年	零星分布	陈定川，2007
	闽江口鳝鱼滩	2007 年	达 3000 亩	陈定川，2007
	泉州湾	1984 年	扩散	高抒等，2014
	泉州湾	1988~2005 年	大规模扩散	高抒等，2014
	九龙江	2005 年	发现米草	薛志勇，2005
	九龙江	2007~2008 年	米草面积达 355hm^2	方民杰，2012
	厦门海沧湾	2002 年	面积达 1620m^2	刘佳等，2007
	厦门东屿湾	2002 年	面积达 2035m^2	刘佳等，2007
广东	淇澳岛	20 世纪 80 年代	开始引入	杨雄邦等，2010
	淇澳岛	2001 年	互花米草泛滥	杨雄邦等，2010
	电白县	1983 年	开始引入	邓自发等，2006
	台山县	1991 年	面积达 533hm^2	邓自发等，2006
	台山市	1993 年	面积达 2000hm^2	邓自发等，2006
广西	合浦县	1979 年	面积达 0.34hm^2	陈圆等，2012
	山口镇山角海滩	1979 年	面积达 0.67hm^2	陈圆等，2012；莫竹承等，2010
	党江镇沙滩	1979 年	0.27hm^2 引种失败	陈圆等，2012；莫竹承等，2010
	广西山口红树林生态国家级自然保护区	2003 年	面积达 167hm^2，其他地区未发现	范航清等，2005
	营盘镇青山头	2008 年	手持 GPS 面积 701hm^2	莫竹承等，2010
	丹兜海	2008 年	手持 GPS 面积 369.74km^2	莫竹承等，2010
	山口北界村	2008 年	手持 GPS 面积 1245hm^2	莫竹承等，2010
	山口北界村	2011 年	面积达 779.5hm^2	陈圆等，2012

资料来源：刘明月，2018

附录 6 物种分布模型 Maxent 所需的环境变量

环境变量	分辨率	数据来源
土地利用/覆被数据	100m	中国科学院烟台海岸带所研究所、中国科学院地理科学与资源研究所、中国科学院东北地理与农业生态研究所
年平均温度	1km	WorldClim 2.0（http://worldclim.org/version2）
平均日间范围（月平均值，最高温度-最低温度）	1km	WorldClim 2.0（http://worldclim.org/version2）
等温	1km	WorldClim 2.0（http://worldclim.org/version2）
温度季节性（标准偏差*100）	1km	WorldClim 2.0（http://worldclim.org/version2）
最热月最高温度	1km	WorldClim 2.0（http://worldclim.org/version2）
最冷月最低温度	1km	WorldClim 2.0（http://worldclim.org/version2）
温度年度范围	1km	WorldClim 2.0（http://worldclim.org/version2）
最湿季平均温度	1km	WorldClim 2.0（http://worldclim.org/version2）
最干季平均温度	1km	WorldClim 2.0（http://worldclim.org/version2）
最温暖季度的平均温度	1km	WorldClim 2.0（http://worldclim.org/version2）
最冷季度的平均温度	1km	WorldClim 2.0（http://worldclim.org/version2）
年降水量	1km	WorldClim 2.0（http://worldclim.org/version2）
最湿月的降水量	1km	WorldClim 2.0（http://worldclim.org/version2）
最干燥月的降水量	1km	WorldClim 2.0（http://worldclim.org/version2）
降水量的季节变化	1km	WorldClim 2.0（http://worldclim.org/version2）
最湿季降水量	1km	WorldClim 2.0（http://worldclim.org/version2）
最干季降水量	1km	WorldClim 2.0（http://worldclim.org/version2）
最热季降水量	1km	WorldClim 2.0（http://worldclim.org/version2）
最冷季降水量	1km	WorldClim 2.0（http://worldclim.org/version2）
高程	90m	中国科学院资源环境科学与数据中心
坡向	100m	提取自高程
坡度	100m	提取自高程

参考文献

中国沿海湿地保护绿皮书（2021）

陈定川. 2007-8-2. 闽江口湿地被"互花米草"侵害寻求抑制办法[Z]. http://news.sina.com.cn/s/2007-08-02/103712315132s.shtml

陈宏友. 1990. 苏北潮间带米草资源及其利用[J]. 自然资源, (6): 56-63.

陈宏友. 2009. 互花米草在江苏省滩涂开发中的作用[J]. 水利规划与设计, (4): 27-29+56.

陈若海. 2010. 互花米草对泉州湾河口湿地生态系统的作用效果分析及其综合利用[J]. 林业调查规划, 35(4): 98-101.

陈圆, 张新德, 韦江玲. 2012. 广西近岸海域互花米草侵害与防控方法分析[J]. 南方国土资源, (8): 20-22+25.

邓自发, 安树青, 智颖飙, 等. 2006. 外来种互花米草入侵模式与爆发机制[J]. 生态学报, 26(8): 2678-2686.

范航清, 陈光华, 何斌源, 等. 2005. 山口红树林滨海湿地与管理[M]. 北京: 海洋出版社: 126.

方民杰. 2012. 福建沿岸海域互花米草的分布[J]. 台湾海峡, 31(1): 100-104.

高抒, 杜永芬, 谢文静, 等. 2014. 苏沪浙闽海岸互花米草盐沼的环境-生态动力过程研究进展[J]. 中国科学: 地球科学, 44(11): 2339-2357.

高占国, 张利权. 2006. 应用间接排序识别盐沼植被的光谱特征: 以崇明东滩为例[J]. 植物生态学报, (2): 252-260.

关道明, 刘长安, 左平, 等. 2009. 中国滨海湿地米草盐沼生态系统与管理[M]. 北京: 海洋出版社: 94-97.

黄冠闽. 2009. 漳江口红树林区互花米草的生长特性及其与秋茄的相对竞争力[D]. 厦门: 厦门大学硕士学位论文.

李富荣, 陈俊勤, 陈沐荣, 等. 2007. 互花米草防治研究进展[J]. 生态环境, (6): 1795-1800.

李贺鹏, 张利权, 王东辉. 2006. 上海地区外来种互花米草的分布现状[J]. 生物多样性, (2): 114-120.

李加林, 杨晓平, 童亿勤, 等. 2005. 互花米草入侵对潮滩生态系统服务功能的影响及其管理[J]. 海洋通报, (5): 33-38.

李玉宝, 梁福根, 严丽华. 2009. 温州沿海互花米草变迁及其与滩涂开发响应[J]. 海洋环境科学, 28(3): 324-328.

林贻卿, 谭芳林, 肖华山. 2008. 互花米草的生态效果及其治理探讨[J]. 防护林科技, (3): 119-123+142.

刘春悦, 张树清, 江红星, 等. 2009. 江苏盐城滨海湿地外来种互花米草的时空动态及景观格局[J]. 应用生态学报, 20(4): 901-908.

刘佳, 朱小明, 杨圣云. 2007. 厦门海洋生物外来物种和生物入侵[J]. 厦门大学学报(自然科学版), (S1): 181-185.

刘明月. 2018. 中国滨海湿地互花米草入侵遥感监测及变化分析[D]. 北京: 中国科学院大学博士学位论文.

刘伟. 2007. 平原潮汐河口地区城市设计对策及城市设计控制研究——以海河闸下段设计研究为例[D]. 天津: 天津大学硕士学位论文.

莫竹承, 范航清, 刘亮. 2010. 广西海岸潮间带互花米草调查研究[J]. 广西科学, 17(2): 170-174.

乔沛阳, 王安东, 谢宝华, 等. 2019. 除草剂对黄河三角洲入侵植物互花米草的影响[J]. 生态学报, 39(15): 5627-5634.

钦佩, 经美德, 谢民. 1988. 福建罗源湾海滩互花米草盐沼中氮、磷、钾元素分布的研究[J]. 海洋科学, (4): 62-67.

沈永明. 2001. 江苏沿海互花米草盐沼湿地的经济、生态功能[J]. 生态经济, (9): 72-73+86.

时钟, 杨世伦, 缪莘. 1998. 海岸盐沼泥沙过程现场实验研究[J]. 泥沙研究, (4): 30-37.

王爱军, 高抒, 贾建军. 2006. 互花米草对江苏潮滩沉积和地貌演化的影响[J]. 海洋学报(中文版), (1): 92-99.

王东辉, 张利权, 管玉娟. 2007. 基于CA模型的上海九段沙互花米草和芦苇种群扩散动态[J]. 应用生态学报, (12): 2807-2813.

王卿, 安树青, 马志军, 等. 2006. 入侵植物互花米草——生物学、生态学及管理[J]. 植物分类学报, (5): 559-588.

王文生, 韩清波, 王永军. 2002. 海河口淤积原因及治理方式探讨[C]//中国水利学会. 中国水利学会2002学术年会论文集. 北京: 中国三峡出版社: 5.

谢宝华, 韩广轩. 2018. 外来入侵种互花米草防治研究进展[J]. 应用生态学报, 29(10): 3464-3476.

徐国万, 卓荣宗. 1985. 我国引种互花米草(Spartina alterniflora Loisel)的初步研究: I[C]//南京大学学报编委会. 米草研究
进展: 22年来的研究成果论文集. 南京: 南京大学出版社: 212-225.

徐国万, 卓荣宗, 曹豪, 等. 1989. 互花米草生物量年动态及其与滩涂生境的关系[J]. 植物生态学与地植物学学报, (3):
230-235.

薛志勇. 2005. 福建九龙江口红树林生存现状分析[J]. 福建林业科技, (3): 190-193+197.

杨雄邦, 田广红, 廖宝文, 等. 2010. 无瓣海桑大战互花米草——运用植物更替措施控制互花米草的实践[J]. 湿地科学与
管理, 6(4): 33.

殷书柏, 李冰, 沈方. 2014. 湿地定义研究进展[J]. 湿地科学, (4): 504-514.

于秀波, 张立. 2018. 中国沿海湿地保护绿皮书(2017). 北京: 科学出版社.

于秀波, 张立. 2020. 中国沿海湿地保护绿皮书(2019). 北京: 科学出版社.

袁红伟, 李守中, 郑怀舟, 等. 2009. 外来种互花米草对中国海滨湿地生态系统的影响评价及对策[J]. 海洋通报, 28(6):
122-128.

张忍顺, 沈永明, 陆丽云, 等. 2005. 江苏沿海互花米草(Spartina alterniflora)盐沼的形成过程[J]. 海洋与湖沼, (4): 358-
366.

章莹. 2010. 中国沿海滩涂入侵物种互花米草(Spartina alterniflora)的空间分布及生物质能估测研究[D]. 杭州: 浙江大学
硕士学位论文.

赵斌. 2011-12-15. 互花米草利弊辩[N]. 中国科学报. A3版

赵斌. 2012-1-5. 关于崇明东滩互花米草入侵的一些科普知识[Z]. http://blog.sciencenet.cn/blog-502444-526145.html

赵彩云, 李俊生, 赵相健, 等. 2015. 中国沿海互花米草入侵与防控管理[M]. 北京: 科学出版社.

赵维光. 2006-6-7. 南汇海滩添8000亩"绿屏" [Z]. http://news.sohu.com/20060607/n243599851.shtml

郑冬梅, 洪荣标. 2006. 滨海湿地互花米草的生态经济影响分析与风险评估探讨[J]. 台湾海峡, (4): 579-586.

仲崇信, 蒋福兴, 张正仁. 1985. 海滩植被的生态意义及利用价值[J]. 海洋开发, (4): 36-39.

仲维畅. 2006. 大米草和互花米草种植功效的利弊[J]. 科技导报, (10): 72-78.

朱冬, 高抒. 2014. 江苏中部海岸互花米草扩展对滩涂围垦的响应[J]. 地理研究, 33(12): 2382-2392.

Austin M. 2017. Species distribution models and ecological theory: a critical assessment and some possible new
approaches[J]. Ecological Modelling, 200(1-2): 1-19.

Bai Q Q, Chen J Z, Chen Z H, et al. 2015. Identification of coastal wetlands of international importance for waterbirds: a
review of China Coastal Waterbird Surveys 2005-2013[J]. Avian Research, 3(6): 1-16.

Barter M A. 2002. Shorebirds of the Yellow Sea: importance, threats and conservation status[J]. Wetland International
Oceania, 104: 1-299.

BirdLife International and NatureServe. 2016. Bird species distribution maps of the world(DB). Version 5.0. BirdLife
International, Cambridge, UK and NatureServe, Arlington, USA.

Chung C H. 2006. Forty years of ecological engineering with Spartina plantations in China[J]. Ecological Engineering, 27(1):

49-57.

Costanza R, Darge R, de Groot R, et al. 1997. The value of the world's ecosystem services and natural capital[J]. Nature, 387(6630): 253-260.

Harte J, Newman E A. 2014. Maximum information entropy: a foundation for ecological theory[J]. Trends Ecology Evolution, 29(7): 384-389.

Howes C, Symes C T, Byholm P. 2019. Evidence of large-scale range shift in the distribution of a Palaearctic migrant in Africa[J]. Diversity Distributions, 25(7): 1142-1155.

Hu R C, Wen C, Gu Y Y, et al. 2017. A bird's view of new conservation hotspots in China[J]. Biological Conservation, 211: 47-55.

Jiang W G, Lv J X, Wang C C, et al. 2017. Marsh wetland degradation risk assessment and change analysis: a case study in the Zoige Plateau, China[J]. Ecological Indicators, 82: 316-326.

Landin M C. 1991. Growth habits and other considerations of smooth cordgrass, *Spartina alterniflora* Loisel[C]//Spartina Workshop Record, Washington Sea Grant Program. University of Washington, Seattle: 15-20.

Li L H, Liu H Y, Lin Z S, et al. 2017. Identifying priority areas for monitoring the invasion of *Solidago canadensis* based on MAXENT and ZONATION. Acta Ecol Sin, 37: 3124-3132.

Li X W, Hou X Y, Song Y, et al. 2018. Assessing changes of habitat quality for shorebirds in stopover sites: a case study in Yellow River Delta, China[J]. Wetlands, 39(1): 67-77.

Li Z, Jiang W G, Wang W J, et al. 2020. Ecological risk assessment of the wetlands in Beijing-Tianjin-Hebei urban agglomeration[J]. Ecological Indicators, 117: 106677.

Liu M Y, Li H Y, Li L, et al. 2017. Monitoring the invasion of *Spartina alterniflora* using multi-source high-resolution imagery in the Zhangjiang Estuary, China[J]. Remote Sensing, 9(6): 539.

Lu J B, Zhang Y. 2013. Spatial distribution of an invasive plant *Spartina alterniflora* and its potential as biofuels in China[J]. Ecological Engineering, 52: 175-181.

MA (Millennium Ecosystem Assessment). 2005. Ecosystems and Human Well-being: Wetlands and Water Synthesis. Washington, DC: Island Press.

Ma Z J, Cai Y T, Li B, et al. 2010. Managing wetland habitats for waterbirds: an international perspective[J]. Wetlands, 30(1): 15-27.

Ma Z J, Cheng Y X, Wang J Y, et al. 2013. The rapid development of birdwatching in mainland China: a new force for bird study and conservation[J]. Bird Conservation Internatinal, 23(2): 1-11.

MacKinnon J R, Phillipps K, He F. 2000. A Field Guide to the Birds of China (in Chinese)[M]. Changsha: Hunan Education Press.

Mao D H, Liu M Y, Wang Z M, et al. 2019. Rapid invasion of *Spartina alterniflora* in the coastal zone of mainland China: spatiotemporal patterns and human prevention[J]. Sensors, 19(10): 2308.

Marsh C J, Gavish Y, Kunin W E, et al. 2019. Mind the gap: can downscaling area of occupancy overcome sampling gaps when assessing IUCN Red List status?[J]. Diversity Distributions, 25(12): 1832-1845.

Mitsch W J, Gosselink J G. 2015. Wetlands. 5th edition. Hoboken, New Jersey: John Wiley & Sons, Inc.

Niemeijer D. 2002. Developing indicators for environmental policy: data-driven and theory-driven approaches examined by example[J]. Environmental Science & Policy, 5(2): 91-103.

Ramesh V, Gopalakrishna T, Barve S, et al. 2017. Citizen science driven species distribution models estimate drastically smaller range sizes and higher threat levels for Western Ghats endemic birds[J]. Biological Conservation, 210: 205-221.

Ramsar Convention Secretariat. 2016. An Introduction to the Ramsar Convention on Wetlands. 7th ed. (previously The Ramsar Convention Manual)[R]. Gland, Switzerland: Ramsar Convention Secretariat.

Simenstad C, Thom R. 1995. *Spartina alterniflora* (smooth cordgrass) as an invasive halophyte in Pacific northwest estuaries[J]. Hortus Northwest: A Pacific Northwest Native Plant Directory & Journal, 6: 9-13.

Steen V, Skagen S K, Noon B R. 2018. Preparing for an uncertain future: migrating shorebird response to past climatic fluctuations in the Prairie Potholes[J]. Ecosphere, 9(2): e02095.

Tanner A M, Tanner E P, Papes M, et al. 2019. Using aerial surveys and citizen science to create species distribution models for an imperiled grouse[J]. Biodiversity and Conservation, 29: 967-986.

USEPA. 1998. Guidelines for ecological risk assessment[J]. Federal Register, 63(93): 26846-26924.

Wang Y Y, Jia Y F, Guan L, et al. 2013. Optimising hydrological conditions to sustain wintering waterbird populations in Poyang Lake National Natural Reserve: implications for dam operation[J]. Freshwater Biology, 58(11): 2366-2379.

Xia S X, Yu X B, Millington S, et al. 2016. Identifying priority sites and gaps for the conservation of migratory waterbirds in China's coastal wetlands[J]. Biological Conservation, 210: 72-82.

Xu X B, Yang G S, Tan Y, et al, 2016. Ecological risk assessment of ecosystem services in the Taihu Lake Basin of China from 1985 to 2020. Science Total Environment, 554-555: 7-16.

Xu Y J, Si Y L, Yin S, et al. 2019. Species-dependent effects of habitat degradation in relation to seasonal distribution of migratory waterfowl in the East Asian-Australasian Flyway[J]. Landscape Ecology, 34(2): 243-257.

Yang H Y, Chen B, Bater M, et al. 2011. Impacts of tidal land reclamation in Bohai bay, China: ongoing losses of critical Yellow Sea waterbird staging and wintering sites[J]. Bird Conservation International, 21(3): 241-259.

Zeng Q, Wei Q, Lei G C. 2018. Contribution of citizen science towards cryptic species census: "many eyes" define wintering range of the Scaly-sided Merganser in mainland China[J]. Avian Research, 9(1): 6.

Zheng G M. 2005. A checklist on the classification and distribution of the birds of China (in Chinese)[M]. Beijing: Science Press.